Die wirtschaftliche Lage von Kanada

mit besonderer Berücksichtigung der Eisen- und Stahl-Industrie

Von

Dr. Hans Hammann

Gerichtsassessor

BERLIN

Verlag von Julius Springer

1912

ISBN-13:978-3-642-89795-5 e-ISBN-13:978-3-642-91652-6
DOI: 10.1007/978-3-642-91652-6

Einleitung.

Nachstehende Zeilen verdanken ihre Entstehung einer Studienreise durch Ost- und Mittelkanada, die ich im Frühjahr und Sommer 1911 als Begleiter des vortragenden Rats im Reichsmarineamt und ausserordentlichen Professors an der Universität Berlin, Herrn Wirkl. Admiralitätsrat Dr. Köbner, unternahm.

Die Studie verfolgt den Zweck, alle an wirtschaftlicher Expansion Deutschlands interessierten Kreise auf die reichen Möglichkeiten aufmerksam zu machen, die Kanada in kommerzieller und industrieller Hinsicht bietet. Keineswegs ist beabsichtigt, in dem ersten Teile der Arbeit eine erschöpfende wissenschaftliche Darstellung der wirtschaftlichen Grundlagen des Landes zu geben, meine Absicht ist vielmehr, Anregungen zu geben und zu zeigen, welche schnelle Entwicklung Kanada genommen hat und welche weiteren Zukunftsaussichten vorhanden sind. Dabei sollen in der Hauptsache solche Punkte berücksichtigt werden, die in der bisher erschienenen deutschen Literatur wenig beachtet worden sind. Der zweite Teil der Arbeit soll bei der Schilderung der Eisen- und Stahlindustrie vor Augen führen, wie gewaltig jetzt schon der Bedarf des Landes und die Marktlage in den einzelnen Artikeln ist, so wie sie sich nach der Anschauung des Verfassers und den ihm erteilten Informationen darstellt. Als statistisches Material sind ausschliesslich die amtlichen kanadischen Statistiken benutzt worden, wobei zu berücksichtigen ist, dass die Zahlen für 1911 nur vorläufige sind. Im wesentlichen werden sie aber der Wirklichkeit entsprechen. Eine Berücksichtigung der Aufstellungen der Einfuhrländer ist unterblieben, weil einmal infolge verschiedener Gruppierung der Waren sie sich nicht mit den kanadischen in Ueberelnstimmung bringen liessen, dann, weil aus demselben Grunde die amerikanischen, englischen, französischen und deutschen Statistiken untereinander nicht in Einklang zu bringen waren. Es war deshalb eine ausschliessliche Benutzung des kanadischen Materials erforderlich, weil sich sonst vergleichbare Ziffern nicht erhalten liessen. Die in den Tabellen berechneten Werte sind sämtlich in Dollar angegeben, die Jahreszahlen von 1908 an bedeuten den Zeitraum vom 1. April des vorhergehenden Jahres bis zum 31. März des genannten Jahres, bis zum Jahre 1906 den Zeitraum vom 1. Juli bis 30. Juni. Im Jahre 1907 trat eine Aenderung des Fiskaljahres ein. Da dasselbe für 1907 nur 9 Monate zählt, ist es in den beigegebenen Statistiken meistens übergangen.

Dem Deutsch-Kanadischen Wirtschaftsverein, der mir in jeder Weise Unterstützung hat angedeihen lassen, möchte ich an dieser Stelle meinen aufrichtigen Dank aussprechen.

I. TEIL.

§ 1.

Handelspolitischer Rückblick.

Mit dem Worte „Kanada“ verbindet sich oftmals für den Handelspolitiker ein etwas unangenehmer Begriff. Erst seit wenigen Jahren steht dieses Land infolge seines gewaltigen Aufschwungs mehr im Vordergrunde der Interessen. Aber fast immer waren es für Deutschland wenig erfreuliche Erscheinungen, welche eine lebhaftere wissenschaftliche Beschäftigung mit den kanadischen Verhältnissen herbeiführten. Namentlich von zwei Erscheinungen grösserer Tragweite lässt sich dieses sagen. Das erste Mal zu der Zeit, als im Jahre 1903 die Dominionsregierung sich entschloss, auf deutsche Waren einen Zollzuschlag von 33⅓ pCt. des Wertes zu erheben. Mehrfache Studien erschienen hierüber, über die Veranlassung und juristische Berechtigung des Zollkrieges. Es soll hier nicht weiter auf diese Fragen eingegangen werden, sie haben heute im wesentlichen nur noch historisches Interesse, nachdem im Jahre 1910 infolge langwieriger diplomatischer Verhandlungen dieser Zuschlag gefallen ist.

So schien sich der kanadische Markt als ein günstiges Absatzgebiet für Deutschland zu zeigen, als eine neue Gefahr im letzten Jahre heraufzog. Es war das der nach langen Verhandlungen zwischen Kanada und den Staaten im Entwurf fertiggestellte Gegenseitigkeitsvertrag. Sein Zweck war, wie auch von beiden Seiten offen zugegeben wurde, eine wirtschaftliche Annäherung der benachbarten Länder. Die heftigen parlamentarischen Kämpfe, die sich um ihn entspannen, gehören erst der jüngsten Vergangenheit an, sie dürften also noch in frischer Erinnerung sein. In den Staaten gelangte der Entwurf mit einer Mehrheit von ⅔ der Stimmen im Juli 1911 zur Annahme. Ob für die Annahme lediglich wirtschaftliche Gründe ausschlaggebend waren, oder ob nicht vielmehr politische Motive überwogen, soll hier dahingestellt bleiben. Vielfach wird in politischen Kreisen der Union die Ansicht vertreten, dass sich nur deshalb eine Mehrheit fand, weil man auf die Ablehnung im kanadischen Parlament rechnete. Aber hierüber dürfte wohl erst in späteren Jahren völlige Klarheit zu erlangen sein.

Jedenfalls unternahm sofort nach der Annahme der Vorlage das Zolldepartement der Vereinigten Staaten Schritte, um den Entwurf in die Praxis umzusetzen. So wurde der Zoll auf Rohmaterial für die Papierfabrikation nach den Bestimmungen des Vertrages herabgesetzt, obwohl zu dieser Zeit in Kanada der Vertrag dem Parlament noch nicht vorgelegt war.

Der Staatssekretär der Vereinigten Staaten ging aber von der bei der amerikanischen Regierung herrschenden Auffassung aus, dass auch in der Dominion die Annahme keine Schwierigkeiten machen würde. Derselben Ansicht huldigte auch das kanadische Ministerium, insbesondere der Ministerpräsident Laurier. Zwar verkannte man keineswegs, dass die Opposition äussersten Widerstand leisten und heftige parlamentische Kämpfe bevorstehen würden. Aber man gab sich der Erwartung hin, dass, wenn auch das jetzt gewählte Parlament dem Vertrag feindlich gegenüberstehen sollte, das auf Grund eventueller Neuwahlen gewählte sicher den Entwurf annehmen würde. Und so stark war der Optimismus der leitenden Staatsmänner und so felsenfest die Ueberzeugung auf den Mehrheitswillen des Volkes, dass man bereits nach den ersten parlamentarischen Kämpfen sich zu Neuwahlen entschloss.

Wie der Ausfall dieser im September stattgefundenen Wahlen war, dürfte wohl bekannt sein. Nicht nur behielt die Opposition die alten Sitze, sondern sie gewann auch in überraschender Weise neue hinzu und zwar selbst in Gegenden, wo auch die kühnsten Hoffnungen der Konservativen dieses Ergebnis nicht erwartet hatten.

Nicht mit Unrecht darf man den Ausfall der Wahlen auf die Wahltaktik der Opposition setzen. Sie beutete in sehr geschickter Weise einige unvorsichtige Aeusserungen des Präsidenten Taft und anderer leitender amerikanischer Staatsmänner aus und verstand es, die Frage vom wirtschaftlichen auf das rein politische Gebiet hinüberzuführen. „Der Vertrag ist der Anfang der Annexion", das war jetzt das Schlagwort geworden und Borden, der Führer der Konservativen, hatte damit eine der empfindlichsten Stellen des kanadischen Volkscharakters getroffen. Und damit hatten die Konservativen gewonnenes Spiel.

Ob der Entwurf dem neuen Parlament überhaupt vorgelegt werden wird, oder ob die Regierung ihn auch so für erledigt betrachtet, mag dahingestellt bleiben. Es ist dies eine ganz nebensächliche Frage, sicher ist jedenfalls, dass Kanada zunächst nicht in ein engeres handelspolitisches Verhältnis mit den Staaten kommen wird.

Das ist für Deutschland von nicht hoch genug anzuschlagender Bedeutung. Wie später noch aus den einzelnen Tabellen genauer hervorgehen wird, hat die Union den kanadischen Einfuhrhandel zu $^{3}/_{5}$ in ihren Händen. Jedes, auch das geringste Zollentgegenkommen muss notwendigerweise diese Stellung auf Kosten der anderen Länder verstärken. Insbesondere wäre wohl Deutschland stark in Mitleidenschaft gezogen worden, weil es dann das einzige Land mit grösserer Einfuhr gewesen wäre, auf das der kanadische Generaltarif Anwendung gefunden hätte. England hat besonders günstige Vorzugszölle und mit einer Reihe anderer Länder, die für die Einfuhr in Betracht kommen, sind Handelsabkommen geschlossen worden. Hier sind namentlich Frankreich, Italien, Belgien und die Niederlande zu erwähnen. Nun sollte diesen Vertragsstaaten auch noch der Hauptlieferant, die Union, beitreten. Damit wäre dann jede Aussicht für Deutschland, auf dem kanadischen Markt eine bessere Stellung zu erlangen, verloren gewesen.

Welchen Einfluss der Vertrag unmittelbar gehabt hätte, ist natürlich schwer zu sagen. Die für die Ermässigung in Aussicht genommenen Waren liegen meist auf dem Gebiete der Landwirtschaft oder sind Rohprodukte. Erstere kommen für den deutschen Handel überhaupt nicht in Frage, letztere nur mittelbar. Allerdings konnte befürchtet werden, dass durch deren Verbilligung die kanadische Industrie gestärkt werden könnte. Diese Gefahr war aber nicht so gross. Denn bereits heute gelangen Rohprodukte für die Industrie zollfrei ins Land, sei es auf Grund des Tarifs, sei es infolge Anordnung der Regierung. Wenn man die Liste mit der deutschen Einfuhrstatistik vergleicht, so wird man nur wenige Waren finden, in denen überhaupt eine Einfuhr aus Deutschland stattfindet, die teilweise noch dazu ganz unbedeutend ist.

Aber auf der anderen Seite darf man den mittelbaren Einfluss des Vertrages nicht ausser Acht lassen. Er dürfte vielleicht in seinen Wirkungen stärker geworden sein als der direkte. Denn das dürfte ausser Frage stehen, dass durch den Vertrag die Stellung der Amerikaner erheblich verstärkt würde. Mit dem Steigen amerikanischen Einflusses aber ist sicherlich auch eine stärkere Bevorzugung amerikanischer Waren zu erwarten. Schon heute haben die grossen Anstrengungen der Amerikaner erreicht, dass Waren, die früher aus Deutschland bezogen wurden, heute in den Staaten gekauft werden. Je mächtiger also die Stellung der Amerikaner, auf dem kanadischen Markt wird, um so enger werden die Beziehungen zwischen den beiden Ländern sein.

Diese Gefahr ist nun für die nächsten Jahre vorüber. Deutschland ist in der Lage, mit den Staaten auf gleicher Basis in den Wettbewerb treten zu können. Damit ist die Möglichkeit gegeben, mit Kanada in engere Handelsbeziehungen gelangen zu können. Je fester und stärker diese werden, um so mehr wird die Dominion vom amerikanischen Markte abgezogen und Europa näher gebracht. Damit entschwindet aber mehr und mehr jede Gefahr auf einen neuen Gegenseitigkeitsvertrag.

Kanada hat eine grosse Zukunft vor sich. Die ungeheure Ausdehnung des Landes, dazu die aufsteigende vorwärtsstrebende Bevölkerung machen Kanada zu einem immer wichtigeren Faktor auf dem Weltmarkte. Insbesondere gewinnt es als Käufer von Jahr zu Jahr grössere Bedeutung. Den Gesamtaussenhandel von 1906 bis 1911 veranschaulicht Tabelle 1.

Tabelle 1.

Jahre	Einfuhr	Ausfuhr (nur kanadische Erzeugnisse)
1906	290,360,807	235,483,956
1908	358,428,616	246,960,968
1909	298,205,957	242,603,586
1910	375,833,016	279,247,551
1911	461,898,024	274,316,553

An dem gesamten Einfuhrhandel sind im wesentlichen vier Länder beteiligt: Die Vereinigten Staaten, England, Frankreich und Deutschland. Die Einfuhrziffern für die einzelnen Länder von 1906 bis 1911 ergibt nachstehende Tabelle 2.

Tabelle 2.

Länder	1906	1908	1909	1910	1911
Ver. Staaten .	175,862,648	210,652,825	180,026,550	223,501,809	284,934,739
Grossbrit. . .	69,194,588	94,959,471	70,682,944	95,350,300	109,883,168
Frankreich .	7,667,987	9,901,909	8,197,435	10,109,544	11,563,773
Deutschland .	6,987,314	8,163,047	6,050,365	7,935,230	10,047,340
Gesamteinfuhr	290,360,087	358,428,616	298,205,957	375,833,016	461,898,024

Schon aus dieser Aufstellung geht die überragende Stellung der Vereinigten Staaten im kanadischen Handel hervor, sie tritt aber noch mehr in die Erscheinung, wenn man den prozentualen Anteil dieser vier Länder in Betracht zieht und hierbei nur die Waren berücksichtigt. Es zeigt dies Tabelle 3.

Tabelle 3.

Länder	1906	1908	1909	1910	1911
Gesamteinfuhr	283,282,204	351,879,955	288,217,515	369,815,427	451,691,814
Hiervon					
Amerika .	59,59	58,16	59,00	58,81	60,85
England . .	24,42	26,83	24,52	25,78	24,33
Frankreich .	2,70	2,81	2,84	2,73	2,55
Deutschland	2,46	2,32	2,09	2,14	2,22

Hieraus ergibt sich insbesondere die betrübende Stellung Deutschlands, es ist mit gerade 2 pCt. an der Einfuhr beteiligt. Die ganze Vermehrung betrug im letzten Jahre 0,08 pCt. im Gegensatz zu 2,04 pCt. der Vereinigten Staaten. Dabei ist im letzten Jahre der Aufschlag von 33⅓ pCt. auf deutsche Ware nicht mehr in Geltung gewesen. Die Hoffnungen, die man in Handelskreisen auf die Aufhebung des Zuschlages gesetzt hat, haben sich nicht völlig erfüllt. Die deutsche Einfuhr ist zwar absolut gestiegen, der relative Anteil dagegen hat sich nur unwesentlich vermehrt. Die Kaufkraft des Landes im letzten Jahre war eine erheblich stärkere, denn aus allen vier Ländern ist mehr eingeführt worden. Gerade die Tatsache, dass die Vereinigten Staaten so ausserordentlich gute Resultate im Gegensatz zu Deutschland aufzuweisen haben, gibt zum Nachdenken Anlass, denn auf beide Länder wurde der gleiche Zolltarif angewendet. Da drängt sich doch die Frage auf, ob nicht von seiten Deutschlands in der Bearbeitung des Marktes Fehler gemacht worden sind.

§. 2.

Die Bevölkerungsverhältnisse.

Ein wesentlicher Faktor für die Kaufkraft eines Landes ist seine Bevölkerung, insbesondere ihre Zusammensetzung. Gerade koloniale

Gebiete, in denen die Industrie noch gering entwickelt ist, sind für fertige Fabrikate zum allergrössten Teil auf das Ausland angewiesen. Benachbarte Lage eines grossen Industrielandes spielt hier auch eine sehr wichtige Rolle, aber von nicht zu unterschätzendem Einfluss ist es auch, aus welchem Land der grösste oder ein erheblicher Teil der Bewohner stammt. Denn auch ein kulturell niedrig stehender Einwanderer wird in vielen Fällen der Ware den Vorzug geben, an die er von Jugend auf gewöhnt ist. Vorausgesetzt ist natürlich, dass diese Waren für das betreffende Land geeignet sind und nicht etwa von anderen Fabrikaten wesentlich überragt werden. Ist dann noch ein starker Prozentsatz von Ansiedlern mit ausgesprochenem Nationalgefühl vorhanden, wie z. B. das französische Element in der Provinz Quebec, so ist damit auch ein wichtiger Faktor für den Handel eines bestimmten Landes gegeben.

Die gegenwärtige Bevölkerung von Kanada, welche im Jahre 1909 etwas über 6 Millionen betrug, wird nach den letzten Schätzungen der Regierung mit rund 7 Millionen um die Mitte von 1911 angenommen. Während vor wenigen Jahren der Hauptsitz der Bevölkerung im Flussgebiete des Lorenzstroms und an den grossen Seen war, beginnt sie jetzt, sich weiter nach Norden auszudehnen. Auch hier befolgen die Ansiedler im wesentlichen das Prinzip, sich zuerst in den Tälern der Flüsse festzusetzen und von dort aus allmählich in das Innere zu gehen. Auf diese Weise dehnt sich die Bevölkerung auf einem immer weiteren Gürtel aus, der sich immer mehr von der amerikanischen Grenze nach Norden vorschiebt. Das natürliche Bestreben der Ansiedler, immer neue Strecken unbearbeiteten Landes in Besitz zu nehmen, wird ausserordentlich durch die Massnahmen der Regierung gefördert. Grosszügige Bodenpolitik, Anlegung von fahrbaren Strassen und Subventionierung von Eisenbahnlinien haben in dieser Hinsicht sehr gute Erfolge erzielt, insbesondere in den für den Weizenbau in Betracht kommenden Prärieprovinzen. Auf der anderen Seite darf allerdings nicht vergessen werden, dass diese Politik für die östlichen, insbesondere die Seeprovinzen geradezu schädlich gewirkt hat. Durch die Gewährung von Land an grossjährige Ansiedler, die nur geringfügige Verpflichtungen zu übernehmen haben, ist es gekommen, dass man in den östlichen Provinzen von einem Stillstand in der Bevölkerungszunahme reden muss. Es erfolgt aus diesen Provinzen eine ausserordentlich starke Abwanderung in die westlichen Distrikte. Die meistens aus Abkömmlingen von Iren und Schotten bestehende Bevölkerung verlässt in sehr starkem Masse ihre alten Sitze, um in den neu aufgeschlossenen Gegenden lohnenderen Erwerb zu finden. So findet man im Osten Kanadas viele verlassene Farmen, deren Bewohner nach dem Westen gegangen sind und sich dort neu angesiedelt haben. Sie finden dort einen Boden vor, welcher viele Jahre die höchsten Erträge abwirft, ohne dass ein grösseres Kapital zur Bewirtschaftung investiert zu werden braucht. In den alt besiedelten Teilen Kanadas ist diese Art und Weise in der Bodenbestellung nicht mehr angängig.

Aus diesen Gründen geht auch der Hauptstrom der europäischen Einwanderung nach diesen mittleren Provinzen, nur sehr wenige bleiben im Osten zurück, und auch dann in den grösseren Städten, so dass das platte Land kaum eine nennenswerte Vermehrung erhält.

Das einzige Element, welches diesen allgemeinen Zug nach dem Westen nicht mitmacht, ist das französische. Die Nachkommen der ersten Ansiedler bleiben durchweg im Gebiet des unteren Lorenzstromes. Sie besiedeln das Land dort immer dichter und dichter, haben aber nicht das Bedürfnis, weiter nach dem Westen zu gehen.

Während sich die neu erschlossenen Teile Kanadas immer mehr und mehr landwirtschaftlich entwickeln, geht der Osten allmählich dazu über, die Industriegegend Kanadas zu werden. Dadurch wird zwischen den beiden Teilen des Landes ein Gegensatz geschaffen, der in mehrfacher Hinsicht bereits zu ernsten politischen Kämpfen geführt und der Regierung viel Sorge verursacht hat, zumal wenn man noch die geographische Lage beider Teile in Betracht zieht.

Der weitaus grösste Teil an der Bevölkerungsvermehrung fällt der Einwanderung zu. Deren Element hat sich aber in den letzten Jahren geändert. Während früher die Deutschen und Engländer überwogen, kommt jetzt die grösste Menge der Einwanderer, abgesehen von England, aus den Vereinigten Staaten und den süd- und osteuropäischen Nationen. Zwischen beiden besteht aber ein tiefgehender Unterschied. Die Einwanderer aus den Vereinigten Staaten sind bereits seit einer Reihe von Jahren mit Land und Leuten vertraut und zu ungefähr 65 pCt. Farmer oder Farmarbeiter. Sie gehen unmittelbar in den Westen, um dort Landwirtschaft weiter zu betreiben. Zu einem grossen Teil haben sie in den Vereinigten Staaten ihre durch rücksichtslosen Raubbau ausgenutzten Farmen verlassen und hoffen nun, in diesem neuen Gebiete eine neue Heimat zu finden, mitunter auch einen Platz, auf dem sie ihr altes System fortsetzen können. Durchweg sind sie im Besitze von Barmitteln, zum Teil ganz erheblicher Vermögen und tragen dadurch wesentlich zur Vermehrung des kanadischen Wohlstandes bei. So schätzt z. B. der Inspektor für das Einwanderungswesen W. J. White in seinem letzten Bericht an das Einwanderungsdepartement in Ottawa, dass die amerikanischen Bürger, welche im Fiskaljahre 1909 in die Prärieprovinzen eingewandert sind, sich im Besitze von 60 Millionen Dollar in Geld und Effekten befunden haben.

Diese Summe erscheint auf den ersten Blick exorbitant hoch und selbst einem so vorzüglichen Kenner des Landes, wie Richard Grigg, erschien sie übertrieben.[1]) Er wandte sich deshalb direkt an White um Aufklärung. Nachstehend folgen die drei hierauf bezüglichen Briefe, die die Auffassung von White rechtfertigen.

---

[1]) Vgl. hierzu: Grigg, Report to the Board of Trade on the trade of the Dominion of Canada. London 1911.

W. J. White, Esq. Montreal, 18th April 1910.
Inspector of Agencies
Department of the Interior,
Ottawa.

Dear Sir!

I notice in your report under date April 2 nd, 1909, page 80 of the annual report of the department, a statement that 59 832 arrivals from the United States brought to Canada in stock, cash and effects upwards of 60 000 000 Dollar. If 150 000 arrive this year we should have on the same basis 150 000 000 Dollar, but accordingly to the annual report of the Department of Trade and Commerce declared entries of settlers' effects amounted to only 7 721 599 Dollar, of which settlers' effects from the United States amounted to 5 761 089 Dollar. I am, of course, awere that your estimate includes cash as well as effects, but in view of the great discrepancy between the figures, I should like to have some idea of the basis upon wich your estimate is made. I have been extremely interested in your statement, and should like to quote it in my forthcoming report to H. M. Board of Trade, but you will understand my hesitation about doing so before I have further information on the matter.

Yours truly

R. Grigg.

R. Grigg, Esq. Department of the Interior,
Ottawa, April, 26th 1910.

His Majesty's Trade Commissioner
to the Dominion of Canada.
120, Board of Trade Building, Montreal, Quebec.

Sir!

In reply to your letter of the 18th inst., addressed to Mr. W. J. White, I beg to say that the basis upon which I estimate the wealth of settlers from the United States is the monthly reports of the State Agents in four States supposed to be the typical ones, viz. Massachusetts, Michigan, Illinois and Montana. The amount of cash and the value of effects possessed by all the immigrants from these four States is divided by the number of settlers from the same States to obtain the approximate average which I use for the purpose of giving some idea of the possessions of incoming settlers. To show you that the amount of cash brought in by Americans is quite large, I enclose herewith, a copy of a letter of recent date which speakes for itself.

Here are a few names taken from the monthly reports of one of our Agents, Mr. E. T. Holmes St. Paul, Minnesota, showing the State from which each emigrant came, and the amount of cash and effects in his possession:

October 13th 1909,	L. B. L.,	Illinois	. . . .	10 000	Dollar
„ „ „	J. H.,	Iowa	. . . .	20 000	„
„ „ „	C. H. S.	Iowa	. . . .	40 000	„
„ „ „	H. G. H.,	Illinois	. . . .	10 000	„
„ „ „	J. P. H.,	Illinois	. . . .	45 000	„
„ „ „	J. M.	Iowa	. . . .	50 000	„
„ 16th „	J. J. B.,	Kansas	. . . .	20 000	„
„ 19th „	J. D.,	Nebraska	. . .	25 000	„
„ 20th „	J. F. B.,	Illinois	. . . .	30 000	„
„ 23th „	H. S.,	Illinois	. . . .	10 000	„
„ „ „	J. V.,	„	. . . .	50 000	„
„ „ „	G. B.,	„	. . . .	12 000	„
„ „ „	M. M.,	„	. . . .	50 000	„
November 4th „	F. B.	„	. . . .	50 000	„

The above shows an average of about 30 000 Dollar for each head of a family.

Mr. B. Davis, State Agent for Montana, reported for the monht of September, 1909, 93 settlers collectively, 212 697 Dollar, an average for each man, woman, and child of about 2287 Dollar, and for March, 1910, 194 souls with 344 460 Dollar in money and goods, an average of 1775 Dollar each.

Your obedient servant
W. D. Scott,
Superintendent of Immigration.

Office of the Commissioner of Immigration
Winnipeg, Man.
14th March 1910.

W. D. Scott, Esq.
Superintendent of Immigration.
Ottawa, Ontario.

Sir!

I beg to inform you that Immigration Inspector, J. A. Potvin of North Portal, reports to me that on train No. 202, over the Soo Line, on March 3nd, the actual settlers coming into Canada on that occasion, showed themselves to him to be possessed of cash to the amount of 225 400 Dollar in currency and cheques.

Your obedient Servant
J. Bruce Walker,
Commissioner.

Seitens der kanadischen Regierung wird diese Einwanderung gerade dieses materiellen Umstandes wegen freudig begrüsst. Eine andere Frage ist aber, ob nicht in dieser starken amerikanischen Einwanderung eine grosse Gefahr für die Zukunft in politischer Hinsicht liegt. Zwar behauptet die Regierung, dass nach ihren Zusammenstellungen bis 1909 etwa 40 pCt. der einwandernden Amerikaner frühere Kanadier wären, die infolge des heimischen Aufschwunges jetzt zurückkehrten; von dem Rest seien nur 20 pCt. in den Staaten, die übrigen 40 pCt. in Europa geboren. Aber bereits im Jahre 1910 hat sich dieses Verhältnis stark verändert. In diesem Jahr wanderten 103 798 aus den

Staaten ein. Nach der um die Mitte von 1910 vorgenommenen Schätzung des Inspektors White waren bis damals nur noch 20 pCt. rückkehrende Kanadier, bereits 35 pCt. waren in den Staaten, der Rest von 45 pCt. in Europa geboren. Hierüber äusserte sich White in einem Mitte 1910 stattgefundenen Interview dem Montreal „Star" gegenüber folgendermassen:

„The official figures show that at least 150 000 people will emigrate from the United States into Canada this year, and he believes that this official estimate will be considerably exceeded. At least 20 per cent. of these new settlers are former citizens of the Dominion who are returning, 15 per cent. are English, 30 per cent. Germans and Scandinaviens, the remainder being people born in the United States. There is not the slightest doubt, Mr. White concluded, that the immigration this year will break all previous records."

Das Verhältnis der rückkehrenden Kanadier zu den geborenen Amerikanern war also fast umgekehrt. Soweit sich für das laufende Jahr 1911 die Dinge übersehen lassen, ist das Verhältnis noch ungünstiger geworden. Es ist annähernd 15 pCt. zu 45 pCt. Man muss auch berücksichtigen, dass der Rest der Einwanderer aus den Staaten, mögen sie auch in Europa geboren sein, sich doch nahezu vollständig amerikanisiert hat. Auf die hierin liegende Gefahr soll noch weiter unten eingegangen werden.

Ganz anders dagegen ist das Aussehen der europäischen Einwanderer. Sie sind mit dem Lande unbekannt, beherrschen die Sprache so gut wie gar nicht und kommen meist ohne wesentliche Barmittel in dem Lande an. Nur etwas über 30 pCt. gehören dem landwirtschaftlichen Berufe an, der Rest sind meist gewöhnliche Arbeiter, die nur geringe oder gar keine Vorkenntnisse zu irgend einem Beruf haben. Sie bleiben meistens in den grossen Städten. Nach den Ermittelungen der Regierung hat sich ergeben, dass von den einwandernden Amerikanern etwa 90 pCt. in die westlichen Distrikte gegangen sind, von europäischen Einwanderern aber nur 40 pCt.

Auf diese Weise, insbesondere durch die immer stärker werdende amerikanische Einwanderung hat sich in den letzten Jahren das Aussehen der kanadischen Bevölkerung stark verändert.

Bis vor etwa zwei Jahrzehnten konnte man sagen, dass die Bevölkerung Kanadas im wesentlichen aus Engländern und Franzosen bestand. Namentlich die ersten waren in kommerzieller Hinsicht ziemlich alleinherrschend. Bis Ende der achtziger Jahre hatte England etwa die Hälfte des kanadischen Einfuhrhandels für sich, der Rest verteilte sich auf die übrige Welt, auch Frankreich lieferte einen nicht unbeträchtlichen Teil.

Mit dem Aufschluss des Westens beginnt der Umschwung, eine immer stärker werdende Einwanderung greift Platz, besonders Amerikaner kommen mehr und mehr nach Kanada. Die in den Staaten geborene Bevölkerung Kanadas betrug im Jahre 1881: 77 753 und 1891: 80 915, dagegen 1901: 127 899. Engländer und Amerikaner stellen heute das Hauptkontingent der Einwanderer, dann kommen Italiener, Russen, Galizier, Juden usw. Die nachstehende Tabelle 4 gibt einige der Hauptzahlen.

Tabelle 4.

Länder	1902	1903	1904	1905	1906	1907	1908	1909	1910
Grossbrit. . .	17,259	41,792	50,792	65,359	86,796	55,791	120,182	52,901	89,646
Bukowina . .	550	1,759	1,578	1,123	1,355	229	2,145	1,546	
Galizien . .	6,550	8,382	7.729	6,926	5,656	1,652	14,268	1,644	3,787
Frankreich .	431	937	1,534	1,743	1,648	1,314	2,671	1,830	
Deutschland .	1,048	1,869	2,966	2,721	1,745	1,889	2,363	1,257	
Juden . . .	1,015	2,066	3,727	7,715	7,127	6,584	7,712	1,636	
Italien . . .	3,828	3,371	4,445	3,473	7,959	5,114	11,212	4,228	
Russland . .	2,467	5,505	1,955	1,887	3,152	1,927	6,281	3,547	8,596
Verein. Staat.	26,388	49,473	45,229	43,543	57,919	34,659	58,312	59,926	116,579
Gesamteinwanderung	67,306	128,364	130,334	146,157	189,064	124,518	262,336	141,308	264,984

Man sieht, Deutschland und Frankreich stellen nur einen ganz geringen Anteil zur Einwanderung. Die wirtschaftlich am höchsten stehenden Einwanderer sind heute die Amerikaner. Wo man hinsieht, gewinnt der amerikanische Einschlag und Geschäftsgeist immer mehr Oberhand. Die Einfuhr aus den Staaten steigt zusehends. Denn bei dem grossen Nationalgefühl der Amerikaner ist es ziemlich selbstverständlich, dass sie soweit wie irgend möglich amerikanischen Handel unterstützen und amerikanische Waren vorziehen.

Das deutsche Element ist numerisch viel zu schwach, um einen nennenswerten Teil der Bevölkerung abzugeben. Die offizielle Statistik schätzt für das Jahr 1909, dass von der Gesamtbevölkerung etwa 325 000 Köpfe deutscher Abstammung sind. Von diesen ist aber der weitaus überwiegende Teil schon in Kanada geboren. Man findet auch nur wenige Plätze, in denen das Deutschtum einen stärkeren Prozentsatz der Bevölkerung ausmacht. Die bekanntesten grösseren Plätze dürften wohl Berlin und Breslau in Ontorio nahe Toronto sein. Die früher zahlreicheren deutschen Landgemeinden sind fast durchweg englisch geworden, die Bevölkerung hat nicht nur die englische Sprache angenommen, vielfach sind auch die deutschen Namen der Ortschaften in englische umgewandelt. So wurde beispielsweise nach Beendigung des Burenkrieges aus der deutschen Ortschaft Neu Thorn das englische Ladysmith.

In den Städten findet man an sich schon sehr wenig Deutsche. Solche aber, die eine bessere soziale Position einnehmen, sind recht spärlich vorhanden. Die meisten sind Arbeiter oder Handwerker, die nicht über ein grösseres Kapital verfügen, auch eine besonders hohe Bildungsstufe nicht haben. Ein grosser Zusammenhang ist nicht vorhanden, eigentlich nur die in besserer Lage befindlichen Deutschen haben sich zusammengeschlossen und deren sind, wie gesagt, nur wenige.

Etwas günstiger liegen die Verhältnisse auf dem Land. Hier sorgt namentlich die Kirche, sowohl die katholische wie die protestantische, dafür, dass die Einwanderer und Ansiedler zusammenhalten. Der Mittelpunkt des Zusammenlebens ist meist die Kirche, mit der gewöhnlich eine Schule verbunden ist. Auch trifft man auf dem Lande mehrfach deutsche Zeitungen, während z. B. Toronto und Montreal nicht eine einzige haben.

Aber das Deutschtum auf dem Lande ist nur schwach vertreten, es besteht wohl untereinander ein guter Zusammenhang, aber nach aussen hin tritt es nicht in die Erscheinung. Es ist noch kein Faktor im öffentlichen Leben geworden.

Wenn die Deutschen nun aber auch nirgends eine besonders hervorragende Rolle im öffentlichen Leben spielen, so stehen sie doch im allgemeinen in gutem Ansehen. Dazu trägt wesentlich das völlige Fehlen von Abenteurern und Vagabunden deutscher Nationalität bei. Für derartige Elemente ist Kanada noch nicht der richtige Boden. Die Städte sind noch zu klein und die Bevölkerung noch zu spärlich, als dass diese Leute einmal in der Masse verschwinden oder durch Betrügereien weiter kommen können. Auch sorgt die Einwanderungsbehörde dafür, dass soziale unliebsame Ausländer ausgewiesen bzw. erst garnicht über die Grenze gelassen werden. Deshalb sind solche Typen, wie man sie in den Grossstädten oder auf den Landstrassen der Union antrifft, in der Dominion ziemlich unbekannt.

Geschätzt ist das deutsche Element vor allem im Handwerk. In der Industrie ist es eigentlich nur der Bau von Musikinstrumenten gewesen, in dem Deutsche führend gewesen sind und auch heute noch an erster Stelle stehen. In Toronto, dem Hauptsitz dieser Industrie, sind die massgebenden Unternehmungen von Deutschen gegründet, teilweise auch noch in deutschem Besitz.

Ein Punkt, der einem stärkeren Betonen des Deutschtums oft im Wege steht, ist das manchmal recht schwache Nationalgefühl. Es ist hier nicht der Ort, auf diesen Umstand näher einzugehen. Aber gerade bei der geringen Zahl der Deutschen, die eine Position errungen haben, fällt es doppelt ins Gewicht, wenn zwar noch mit Deutschen deutsch gesprochen, im übrigen aber kein Hehl daraus gemacht wird, dass für das Deutschtum keine Liebe mehr vorhanden ist. Damit entfällt oft der wichtigste Faktor, der für eine Stärkung des deutschen Einflusses in Frage kommen könnte. Dann aber wirkt ein solches Verhalten geradezu schädlich auf die Neuankömmlinge und auf Leute in sozial geringerer Stellung. Von diesen Elementen kann eine Liebe zum deutschen Wesen nicht erwartet werden, wenn sie sehen, dass in sozial nahezu unabhängigen Kreisen dieses keine Stütze findet. In der jüngeren Generation ist allerdings ein Wechsel zum Besseren zu bemerken, aber noch zu häufig sind mir in abgelegeneren Teilen des Landes Landsleute begegnet, die ihre deutsche Abstammung verleugneten, obwohl sie erst manchmal seit wenigen Jahren im Lande waren.

Diese Bemerkungen dürften genügen, um zu zeigen, dass in der Bevölkerung von Kanada keine Elemente vorhanden sind, welche gewissermassen der Natur nach für deutsche Industrieerzeugnisse als

Käufer in Frage kommen. Der deutsche Kaufmann trifft in Kanada nicht Landstriche des gleichen Stammes und der gleichen Sprache, er kann sich nicht auf grosse Mengen von Landsleuten stützen, wie es z. B. der französische Kaufmann kann. Für diesen wird auch fernerhin ein guter Abnehmer die Provinz Quebec bleiben, mit ihrer ausgesprochenen französischen Bevölkerung, die in jeder Weise stark an ihrer Nationalität hängt. Die gleiche Sprache macht für ihn auch das Geschäft viel leichter. Dass der englische und amerikanische Kaufmann bei dieser Bevölkerungszusammensetzung andere Erfolge haben müssen, bedarf keiner Erwähnung.

Aber lässt man die Bevölkerung als solche ausser Betracht und sieht nur auf die im Handel tätigen Personen, so könnte sich das Bild vielleicht ändern. Hat nicht Deutschland z. B. nach Südamerika eine ausserordentlich starke Einfuhr ohne eine nennenswerte deutsche Bevölkerung? Aber hier in Kanada fehlt gerade das, was in Südamerika so stark vertreten ist: grosse, angesehene, deutsche Importfirmen, die im Lande seit Jahren ansässig sind, es bereisen lassen, den Markt kennen und dann ihre Waren aus der Heimat kommen lassen. Der selbständige deutsche Kaufmann, die grossen deutschen Handelshäuser fehlen in Kanada fast ganz. Die massgebenden Importfirmen sind englisch bzw. amerikanisch.

Nur für die Einfuhr von Glaswaren, Porzellan, Spielsachen und Kleineisenwaren kommen deutsche Häuser von Bedeutung in Betracht.

Das sind zunächst einige Schwierigkeiten, mit denen der deutsche Handel in Kanada rechnen muss. Auf Unterstützung durch Faktoren im Lande selbst darf er nur wenig rechnen.

§ 3.

Die natürlichen Hilfsmittel des Landes.

Die Bevölkerung Kanadas bewohnt ein Gebiet, das mit Naturschätzen in verschwenderischer Fülle ausgestattet ist. Der Waldreichtum ist einer der bedeutendsten der Erde. Zuverlässige Angaben über seine Grösse zu machen, ist verhältnismässig schwierig, da weite Gebiete, namentlich das bewaldete Labrador, wissenschaftlich noch nicht hinreichend erforscht sind. Vor wenigen Jahren schätzte der damalige deutsche forstwissenschaftliche Sachverständige beim Konsulat in Montreal die bewaldete Fläche Kanadas auf 1 200 000 Quadratmeilen oder etwa 30 Millionen Hektar. Die Hauptbestandteile der kanadischen Wälder sind Ahorn, Linden, Fichten und Douglastannen. Die wichtigste Fichtenzone liegt in Quebec und Labrador, Tannen finden sich am reichsten in Britisch Columbien.

Dieser Holzreichtum nimmt aber in beängstigender Weise ab und es scheint, als ob das Beispiel der Vereinigten Staaten hinsichtlich der Waldverwüstung Schule gemacht hat. In der Nähe grösserer Ansiedlungen ist ein nennenswerter Waldbestand kaum zu finden. Grosse Strecken werden jährlich durch Waldbrände vernichtet und der hierdurch angerichtete Schaden beläuft sich auf Millionen Dollar. So entstand aus einer kleinen aber nicht beachteten Ursache im Juli 1911 in der Minenstadt Porcupine ein Brand, der innerhalb einer Woche den Tod von etwa 100 Menschen und einen Schaden von 5 Millionen Dollar verursachte. Der früher bedeutende Waldbestand an der Hudson Bay ist fast ganz durch Feuer vernichtet. In vielen anderen Teilen des Landes sieht man meilenweit rechts und links der Bahn nur durch Waldbrand verwüstete Strecken, ohne dass man Spuren von Aufforstung wahrnimmt. Hin und wieder bemerkt man eine Sägemühle, die das noch brauchbare Holz verarbeitet, mit dem Erschöpfen des Bestandes aber wieder verschwindet.

Richtig ist ja, dass die Regierung mancherlei tut, um den Bränden vorzubeugen. Ihre Massnahmen aber, die sich in der Hauptsache auf Warnung und Belehrung der Bevölkerung erstrecken, haben wenig Erfolg. Sie werden seitens der Einwohner nicht beachtet.

Dagegen könnte ein grosser Teil des Waldbestandes erhalten bleiben, wenn die Regierung rechtzeitig der rücksichtslosen Abholzung entgegentreten würde. Dies wäre zu erreichen, wenn entweder die Abholzungsgenehmigungen eingeschränkt oder die Verpflichtung zu späterer Aufforstung auferlegt würde. Es wäre auch weiter zu wünschen, dass die Genehmigung völlig einwandfrei erteilt wird.

Abgesehen von seinen Wäldern besitzt Kanada grosse Lager an Kohle und wertvollen Mineralien. Hartkohle findet sich in ausserordentlichem Reichtum in Neu Schottland, im Felsengebirge in der Nähe von Banff und an vielen Stellen der Provinz Britisch Columbien, insbesondere in der Nähe von Vancouver. Grosse Felder von Weichkohle finden sich in der Provinz Alberta. Diese wird aber zurzeit wenig abgebaut, da in den Präriegegenden keine Eisen- oder eine andere namhafte Industrie sich befindet und der Transport von Kohle in die Hauptindustriegebiete eine zu grosse Ausgabe an Fracht verursachen dürfte. Die verschiedentlichen Versuche, die auch in Alberta vorkommende Braunkohle für Industriezwecke nutzbar zu machen, sind fehlgeschlagen. Es hat sich bisher ein brauchbares Verfahren nicht ermitteln lassen, diese Braunkohle in Briketts zu verarbeiten. Nach den Ansichten von Sachverständigen soll der Grund hier in der zu grossen Jugend der Braunkohle bestehen, obwohl sie sonst von vorzüglicher Beschaffenheit sein soll. Würden sich Mittel und Wege finden lassen, diese Kohlenvorräte nutzbringend zu verwenden, so dürfte sich voraussichtlich sehr bald eine blühende Brikettfabrikation nebst den dazugehörigen Betrieben hier entwickeln.

Auch die Eisenerzlager sind fast über das ganze Land verteilt und mit die mächtigsten Lager finden sich an den äussersten Küstenstrichen des Landes. So findet sich vorzügliches Eisenerz an der atlantischen Küste, wo sich zurzeit das bedeutendste Stahlwerk, die Dominion Iron and Steel Co., in Sidney befindet. Weitere Erzlagerstätten, die auch zum grössten Teil bereits ausgebeutet werden, finden sich in der Provinz Ontario, hauptsächlich in der Gegend von Deloro, Midland und Hamilton. In letzterer Stadt befindet sich das zurzeit drittgrösste Stahlwerk Kanadas, die Hamilton Steel and Iron Co. Weiter nach Westen, am Oberen See trifft man auf die bedeutendsten Eisenerzlager, die überhaupt im nördlichen Teil des amerikanischen Kontinents bislang bekannt sind. Ein Teil derselben gehört allerdings politisch zu den Vereinigten Staaten. Dort befindet sich der Hafen Duluth, und dieser Name dürfte wohl genügen, um jedem, der einigermassen mit dem Eisenerzvorkommen vertraut ist, einen Begriff von der Mächtigkeit der dortigen Läger zu geben. Soweit sich das Eisenerz auf kanadischem Gebiet befindet, wird es zurzeit von der Lake Superior Iron and Steel Co. und ihrer Tochtergesellschaft, der Algoma Steel Co., ausgebeutet. Ebenso finden sich bedeutende Eisenerzlager in der Provinz Britisch Columbien. Während die Lagerstätten bei Vancouver zurzeit wohl bekannt sind, aber noch nicht in grossem Massstabe ausgebeutet werden, hat sich vor kurzem die Western Steel Corporation am Fraserfluss niedergelassen, dort ungefähr 2000 Morgen Land mit einer Wasserfront von 17 000 Fuss gekauft und beabsichtigt, hier innerhalb der nächsten drei Jahre ein Stahlwerk im ungefähren Werte von 5 Millionen Dollar zu errichten. Abgesehen von der Wasserverbindung steht dem neuen Stahlwerk auch die Great Northern Railway von Vancouver nach Seattle zur Verfügung.

Auch weiterhin ist Kanada, soweit es zurzeit überhaupt daraufhin untersucht worden ist, an wertvollen, für die Eisenindustrie wichtigen Mineralien reich. So findet sich beispielsweise Asbest hauptsächlich in der Provinz Quebec, südlich des Lorenzstromes, wo sich bereits eine ausgedehnte Industrie für die Bearbeitung entwickelt hat. Nickel und Kupfer kommen in sehr reichem Masse in der Gegend von Sudbury vor und ganz in der Nähe dieser Stadt, bei Coppercliff, befindet sich zurzeit das, einer amerikanischen Gesellschaft gehörige, reichste Nickelbergwerk der Erde. Die nachstehende Tabelle 5 gibt eine Aufstellung über die Mineralproduktion Kanadas.

Tabelle 5.

Jahre	Kupfer	Gold	Nickel	Eisen	Silber	Asbest	Zement	Kohle	Gesamte Mineral-produktion
1886	385,550	1,365,496	—	—	209,090	206,251	—	3,739,840	10,221,255
1890	947,153	1,149,776	933,232	—	419,118	1,260,240	92,405	5,676,247	16,763,353
1900	3,065,922	27,908,153	3,327,707	583,158	2,740,362	748,431	662,910	13,742,178	64,420,983
1905	7,497,660	14,159,195	7,550,526	1,032,116	3,614,883	1,503,259	1,924,014	17,520,263	69,078 999
1908	8,413,876	9,842,105	8,231,538	1,664,302	11,686,239	2,573,335	3,709,954	25,194,573	85,557,101
1909	6,814,754	9,382 230	9,461,877	2,222,215	14,178,504	2,284,587	5,345,802	24,781,236	91,831,441
1910	7,209,463	10,224,910	11,181,310	1,651,321	17,106,604	2,573,603	6,414,315	29,811,750	105,040,958

Die Ausnutzung dieser Reichtümer des Landes wird durch den grossen Wasserreichtum erleichtert. Zuverlässige Angaben über die Höhe der nutzbar zu machenden Wasserkraft lassen sich natürlich kaum geben. Man ist bei dem Gegenstand an sich und dann auch wegen der geringen Erforschung des Landes im wesentlichen auf Schätzungen angewiesen. Allerdings wird seit 2 Jahren diesem Gegenstand seitens der Regierung grosses Interesse entgegengebracht, und zum Zweck der Erforschung ist eine besondere Kommission eingesetzt worden. Als vorläufige Grundlage der Arbeiten ist von dem Chefingenieur J. B. Challies folgende Berechnung aufgestellt worden:

Tabelle 6.

Provinz	Nutzbar zu machende Wasserkraft in PS.	Nutzbar gemachte Wasserkraft in PS.
Alberta	1,114,000	1,330
Brit. Columbien . . .	2,065,500	73,100
Manitoba	505,000	18,000
Neu Braunschweig . .	150,000	—
Neu Schottland	54,300	13,300
Ontario	3,129,168	331,157
Quebec	17,075,939	50,000
Saskatchewan	500,000	—
Territorien	600,000	—
Yukondistrikt	470,000	—
Total	25,693,907	486,887

Welchen Wert diese gewaltige Summe von vorhandener Wasserkraft hat, zeigt sich, wenn man sich der Schätzung des Sekretärs obiger Kommission R. E. Young anschliesst. Dieser lässt für die jährlich von einer Pferdekraft zu leistenden Arbeit 21,9 t Kohle erforderlich sein. Das ergibt einen jährlichen Kohlenverbrauch von 551 134 305 t.

Eine andere Frage ist natürlich, wie weit sich diese vorhandene Kraftmenge praktisch verwerten lässt. Die zur ihrer Ausnutzung erforderlichen Anlagen rentieren sich nur, wenn genügend Abnehmer vorhanden sind. Die Rentabilität und damit der ganze Wert der Wasserkraft wird aber dann in Frage gestellt, wenn infolge der Lage der Kraftquelle die Notwendigkeit einer weiten Landübertragung hinzukommt. Dann stellt sich eine erhebliche Verteuerung ein. Viele der oben geschätzten Wasserkräfte liegen nun in Gegenden, wo die Anlage von industriellen Unternehmungen oder grösseren Ansiedlungen überhaupt nicht in Frage kommt. So besitzt z. B. der Hamiltonfluss in Nord Quebec eine nutzbar zu machende Wasserkraft von 9 Millionen Pferdestärken. Dieser Fluss fliesst aber durch den unwirtlichsten Teil von Labrador, einer Gegend, die zunächst nur sehr wenig bekannt ist und dann infolge ihrer klimatischen Verhältnisse für Ansiedlungen nicht in Betracht kommt. Aehnlich liegt es auch mit den Kraftquellen des Yukondistriktes und der Territorien.

Ein grosser Teil der Wasserkräfte hat deshalb nur theoretischen Wert, weil vorläufig an eine Ausnutzung in grösserem Massstabe nicht zu denken ist. Gleichwohl bleiben noch genügend Wasserkräfte übrig, die sich jederzeit verwerten lassen, sobald sich nur erst die Vorbedingungen für ihre Ausbeutung. genügend Interessenten einstellen. Die am besten gelegene und wohl auch am meisten ausgebeutete Kraftquelle ist der Niagara, dessen gesamte von seinem Austritt aus dem Eriesee bis zu seinem Eintritt in den Ontariosee erzeugte Kraft auf etwa 6 Millionen PS berechnet wird. Vertragliche Abmachungen zwischen Kanada und der Union verhindern aber eine auch nur annähernde Ausnutzung. Der Wasserwegvertrag vom 11. Januar 1909, der formell noch nicht ratifiziert ist, bestimmt, dass Kanada höchstens 36 000 Kubikfuss und die Union 20 000 Kubikfuss Wasser in der Sekunde verwerten darf, eine Menge, die beiderseits noch nicht erreicht ist.

In der ganzen Dominion hat nur in Ontario die Ausnutzung der Wasserkraft grösseren Umfang erlangt, hier sind rund 10 pCt. der bekannten Wassermenge dynamisch verwertet. Bestimmungen über die Ausnutzungsberechtigung für ganz Kanada bestehen nicht, es sind meist Provinzialgesetze massgebend. Lediglich in den drei Prärieprovinzen und den Territorien steht das Recht auf Verwertung der Zentralregierung zu. Hier sind Pachtverträge der übliche Weg, während sonst die Provinzialregierung selbst als Lieferant auftritt. In Ontario ist damit die Hydro-Electric-Power Commission betraut worden, und die Besichtigung ihrer Anlagen, die mir durch die Liebenswürdigkeit des Chefingenieurs gestattet wurde, war in höchstem Masse von Interesse. Hier sind namentlich die Städte zu Beleuchtungszwecken grosse Abnehmer. So waren im Juni 1911 Kontrakte auf Kraftlieferung in Höhe von etwa 35 000 PS abgeschlossen.

§ 4.

Die Entwicklung des Westens.

Der Westen von Kanada, der in die drei Provinzen Manitoba, Saskatchewan und Alberta zerfällt, war vor etwa mehr als einem Menschenalter im wesentlichen unbekannt. Heute ist er die Zukunft des Landes und gehört schon jetzt zu den reichsten Getreidegegenden der Welt, obwohl erst ein geringer Teil unter wirklicher Kultur ist.

Die Gesamtfläche beträgt 578 190 Quadratmeilen, von denen etwa 200 000 Quadratmeilen auf die Prärie entfallen dürften. Ueber die Grösse des anbaufähigen Landes gehen die Ansichten sehr auseinander. Schliesst man sich der niedrigsten von allen Schätzungen an, so beträgt der anbaufähige Teil der drei Provinzen ungefähr 171 000 000 Acker. Hiervon waren 1910 13,7 Millionen bebaut, zu $^3/_5$ mit Weizen.

Am meisten ist die östliche und zugleich die kleinste der drei Provinzen, Manitoba, entwickelt, wenngleich von den 27 Millionen anbaufähigem Lande 1910 etwa $^1/_5$ benutzt worden ist. Das Wachsen der Anbaufläche zeigt die nachstehende Tabelle 7.

Tabelle 7.

Es betrug die angebaute Fläche in Acker:

Jahre	Weizen	Hafer	Gerste	Flachs	Zusammen
1900	1,457,396	429,108	155,111	10,000	2,051,615
1905	2,643,588	1,031,239	432,298	24,770	4,131,895
1908	2,850,640	1,216,632	658,441	50,187	4,775,900
1909	2,642,111	1,373,683	601,008	25,096	4,641,898
1910	2,962,187	1,486,436	624,644	41,002 Früchte 8,608	5,122,877

Die Ergiebigkeit des Bodens ist ausserordentlich, die durchschnittliche Weizenernte von 1898 bis 1910 betrug 17 Buschel pro Acker.*) Es hat aber Jahre gegeben, wie z. B. 1902, wo 26 Buschel pro Acker geerntet worden sind. Das Eisenbahnnetz ist das dichteste des Westens, es betrug Ende 1910 rund 3300 Meilen, auch sind die Städte und ein grosser Teil des Landdistrikts mit Telephonverbindung versehen, fast in allen Ortschaften findet sich elektrisches Licht.

Manitoba ist die am längsten besiedelte Provinz des Westens und insofern kommerziell die wichtigste, als in ihr der grösste Getreideplatz Kanadas, Winnipeg liegt. Winnipeg zählte im Jahre 1910 etwa 150 000 Einwohner gegen 42 300 in 1901 und 241 in 1871. Hier laufen alle Eisenbahnen des Westens zusammen und seitens der Bahngesellschaften werden keine Ausgaben gescheut, um den Anforderungen des Verkehrs gerecht zu werden. So haben z. B. die Verladeeinrichtungen der Canada Pacific eine Schienenlänge von 120 Meilen, eine Zahl, die nirgend in der Welt von einer einzigen Gesellschaft erreicht wird. Die Bedeutung der Stadt wird noch dadurch vermehrt, dass in ihr sich alle öffentlichen Verwaltungs- und Bildungsanstalten der Provinz, darunter auch die Universität befinden.

Die Nachbarprovinz Saskatchewan hat eine Gesamtfläche von etwa 92 Millionen Acker. Hiervon kommen nach amtlichen Ermittlungen etwa 73 Millionen Acker für den Anbau in Betracht. Ihre Entwicklung ist erheblich jüngeren Datums, eine amtliche Statistik beginnt erst 1905. Gleichwohl ist schon $^{1}/_{10}$ des Landes unter Kultur, das Fortschreiten der angebauten Fläche ist sehr schnell vor sich gegangen, wie nachstehende Tabelle 8 zeigt.

Tabelle 8.

Es betrug die angebaute Fläche in Acker:

Jahre	Weizen	Hafer	Gerste	Flachs	Zusammen
1905	1,130,084	449,936	32,946	25,315	1,638,281
1908	3,703,563	1,772,976	229,574	264,728	5,970,841
1909	4,085,000	2,240,000	244,000	319,100	6,888,100
1910	4,664,834	2,082,607	234,394	396,230	7,378,065

Zurzeit liegt die beste Weizengegend in Zentralsaskatchewan, das im wesentlichen vom Saskatchewan und Qu'Appelle-Fluss bewässert wird. Der Süden der Provinz ist in der Hauptsache von amerikanischen Farmern besetzt, denen es durch eine neuartige Wirtschaftsmethode gelungen ist, Land für Weizenbau nutzbar zu machen, das anfangs nur für Weidezwecke brauchbar erschien. Im Südwesten der Provinz wird viel Viehzucht getrieben, der Norden ist sehr schwach besiedelt, er ist in der Hauptsache Waldregion und das Gebiet der Holzfäller und Pelzjäger.

*) Es sei daran erinnert, dass 1 acre = 40,468 ar ist. Ferner ist
1 bushel Weizen = 60 lbs = 27,315 kg.
„ Roggen = 56 lbs = 25,401 kg.
„ Gerste = 48 lbs = 21,772 kg.
„ Hafer = 32 lbs = 14,515 kg.

Der durchschnittliche Weizenertrag pro Acker betrug von 1898 bis 1910 etwas über 18 Buschel, er übersteigt also den von Monitoba, wenn auch nur unbedeutend.

Regina, die Provinzialhauptstadt, zählte Ende 1910 etwa 15 000 Einwohner gegen 2250 im Jahre 1901, eine zwar schnelle, aber nicht im entferntesten mit Winnipeg vergleichbare Entwicklung.

Die wesentlich grösste der Prärieprovinzen, Alberta, dürfte keine rein landwirtschaftliche Entwicklung nehmen. Wie bereits oben erwähnt, besitzt sie ein reiches Kohlenvorkommen, das allerdings noch nicht annähernd ausgenützt wird. Doch vergrössert sich der Abbau von Jahr zu Jahr. So befinden sich in der Gegend von Lethbridge einige Minen, von denen 1910 zwei eine tägliche Förderung von über 1200 t hatten. Der Abbau in der Provinz betrug:

1900 : 311 450 t	1808 : 1 685 661 t
1905 : 931 917 t	1909 : 1 978 843 t

Die Grösse der Provinz beträgt 162 Millionen Acker, sie ist also erheblich grösser als Deutschland. Ueber das anbaufähige Land gehen hier die Ansichten weit auseinander, die Schätzungen bewegen sich zwischen 50 Millionen und 100 Millionen Acker. Nur ein verschwindender Teil des Landes ist unter Kultur, wie nachstehende Tabelle 9 genauer zeigt.

Tabelle 9.

Es betrug die angebaute Fläche in Acker

Jahr	Weizen	Hafer	Gerste	Flachs	Zusammen
1905	107,527	242,801	64,530	581	415,439
1908	258,817	400,702	73,086	8,046	740,651
1909	330,000	500,000	100,000	11,200	941,200
1910	592,960	492,589	90,901	16,793	1,193,243

Die Entwicklung der Provinz ist interessant durch die grossen Meliorationsarbeiten, die hier ausgeführt werden. Die Canada Pacific besitzt am Bowriver in dem Dreieck zwischen Dunmore, Calgary und Lethbridge rund 3 Millionen Acker Land, das infolge grosser Trockenheit für Weizenbau nicht geeignet schien. Um diesem Uebelstand abzuhelfen, hat die Bahn mit Unterstützung der Regierung ein Bewässerungssystem eingeführt, das in Amerika seinesgleichen sucht und zu den grossartigsten Unternehmungen der Erde gehört. Durch die Ermöglichung regelmässiger Bewässerung werden heute Ernten bis zu 50 Buschel pro Acker erreicht. Den Eindruck, den das Land heute macht, schildert Professor Thomas Shaw mit folgenden Worten:

„When I passed over this road only a few years ago, only a few fields of grain were discernible along the entire road. At the present time one cannot look out of the car window, save in limited areas, without seeing excellent crops of grain on every hand. These crops consist very largely of winter wheat and oats, but spring wheat is also grown as well

[1]) Vgl. Griffith: The dominion of Canada 1911 S. 80.

as speltz and barley, both of the beardless and hull-less varieties. The wheat crop, however, is in the ascendant.

This marvellous development has been brought about mainly by the uncommon adaptation which it was found that the country possessed for growing winter wheat. The yields of some of these crops have been such as to seem almost beyond credibility, and the instances in which these yields have been obtained have been so many, that the statements made in regard to them cannot be challenged. Thirty bushels per acre is a very moderate yield. Forty bushels is quite common. Fifty bushels is not infrequent, and as high as sixty-five bushels an acre have been threshed from large fields. That there should have been a rush for these lands as soon as their producing powers became known is in no sense surprising. The rapidity of the increase of production along this line of road is probably without a parallel in the history of agricultural development in the entire West. In 1908 the shipment of wheat per mile of road was 60 000 bushels frim Granum to Highwood, fifty-four miles."

Das unter Kultur befindliche Land ist im wesentlichen in der südlichen Hälfte der Provinz gelegen, die Durchschnittsweizenernte betrug 1903 bis 1910 22 Buschel pro Acker, im Jahre 1908 erreichte sie sogar 29½ Buschel. Zentralalberta eignet sich sehr für den Anbau von Hafer, wo stellenweise bis zu 100 Buschel pro Acker geerntet werden, Nordalberta ist noch stark bewaldet. Grosse Landstriche werden für die Pferdezucht verwendet; hierin nimmt Alberta für Kanada die gleiche Stellung ein wie Kentucky für die Vereinigten Staaten.

Die politische Hauptstadt Edmonton mit etwa 30 000 Einwohnern ist wirtschaftlich als Zentrum für den Pelz- und Holzhandel des Nordens. Für den Getreidehandel dagegen kommt Calgary in Betracht, das eine Einwohnerzahl von etwa 35 000 hat. Voraussichtlich wird aber auch Edmonton im Getreidehandel grössere Bedeutung erlangen, wenn die Grand Trunk Pacific Ry. fertiggestellt sein wird.

Die kanadische Regierung hat in jeder Weise den natürlichen Vorbedingungen des Westens für eine grosse Zukunft Rechnung getragen. Eine grosszügige Ansiedlungspolitik hat erreicht, dass die Bevölkerung sich ausserordentlich vermehrt und der Zuzug nach diesen drei Provinzen dauernd stark bleibt. Das Ergebnis ist ein fortschreitendes Urbarmachen des Landes und ein von Jahr zu Jahr steigendes Ernteergebnis. Zahlenmässig ist die Entwicklung des Westens die folgende:

Tabelle 10.

Jahr	Zuzug Seelen	Angebaute Fläche Acker	Ernteergebnis Buschel
1901	49,149	3,672,612	109,601,321
1905	146,266	6,185,615	176,078,452
1908	264,908	11,487,392	243,866,598
1909	146,908	12,471,198	352,328,101
1910	208,794	13,694,185	262,980,385

Die Bevölkerung, die 1901 rund 400 000 betrug, wird Ende 1910 auf 1 100 000 geschätzt.

Diese schnelle Entwicklung wird noch auf Jahre hinaus anhalten, da die Aussichten namentlich im landwirtschaftlichen Berufe aussergewöhnlich günstige sind. Allgemein wird dem Westen eine grosse Zukunft prophezeit und vielfach angenommen, dass die Getreideprovinzen der Dominion bald die der Union überflügeln werden. Auf die Berechtigung dieser Auffassung soll nicht weiter eingegangen, nur auf einen Punkt soll aufmerksam gemacht werden: auf die grosse Gefahr, die dem Lande durch den in Blüte befindlichen Raubbau droht. Rationelle Düngung oder Fruchtwechsel sind den meisten Ansiedlern kaum theoretisch bekannte Begriffe. Seit Jahren bringt der Boden nur Weizen hervor, ja, in Manitoba gibt es Strecken, wo schon seit Jahrzehnten nur Weizen gebaut wird. Diese grosse Ergiebigkeit des Bodens muss aber einmal eine Grenze haben. Und dann liegt die Gefahr nahe, dass sich das Beispiel der Vereinigten Staaten wiederholen wird, wo die alten Farmen verlassen und auf jungfräulichem Boden die gleichen Methoden fortgesetzt werden. Gerade die Einwanderung amerikanischer Farmer ist hier ein Warnungszeichen. Oftmals, wie mir von guter Quelle versichert wurde, gehen sie nur deshalb nach Kanada, weil ihre alten Farmen nicht mehr ertragsfähig genug sind. Mit dem Niederlassen in Kanada ist aber durchaus keine Aenderung ihrer Wirtschaftsmethoden verbunden. Dieses Beispiel wirkt auf die Neuankömmlinge ansteckend. Viele tüchtige Farmer, namentlich deutscher Abkunft, haben mir gegenüber ihren Unwillen über dieses System der Bodenkultur ausgedrückt, aber diese Ansichten verschwinden gegenüber der grossen entgegengesetzten Praxis. Die meisten Ansiedler sehen in dem Grund und Boden nicht so sehr ihre Heimat als vielmehr ein Handelsobjekt, das nur so lange von Wert ist, als es hohe Erträge abwirft. Das ist gerade im eigenen Interesse des Landes zu bedauern, denn ohne Liebe zur Scholle wird sich nur schwer eine bodenständige Bevölkerung heranbilden.

§ 5.

Die Industrialisierung des Ostens.

Interessant ist die ständig zunehmende Industrialisierung des Landes. Erzeugnisse, die noch vor wenigen Jahren aus dem Auslande bezogen werden mussten, werden jetzt in zufriedenstellender Weise im Lande selbst hergestellt. Wenn auch zunächst im wesentlichen nur Stapelwaren in Frage kommen, so ist doch unverkennbar eine stark aufsteigende Tendenz auch in Qualitätswaren zu bemerken. Statistisch geht das aus dem in Handel und Gewerbe angelegten Kapital hervor. Es wird von der Regierung in diesem Jahr 1911 eine neue Industriezählung vorgenommen, deshalb können hier nur die Zahlen bis 1906 gegeben werden. Das im Gewerbe angelegte Kapital betrug

1871:	77,964,020 Dollars	1891;	353,214,300 Dollars
1881:	165,302,623 „	1901:	446,916,487 „

1906: 846,585,023 Dollars

Wie sich die Zahl der Unternehmungen, Arbeiter etc. in dieser Periode entwickelte, zeigt Tabelle 11.

Tabelle 11.

	Unternehmen	Kapital $	Lohnarbeiter	Gezahlte Löhne $	Produktionswert $
1871	41,259	77,964,020	187,942	40,851,009	221,617,773
1881	49,928	165,302,623	254,935	59,400,700	309,676,068
1891	75,964	353,214,300	369,595	100,415,350	469,847,886
1901	14,650	446,916,487	313,344	89,573,204	481,053,375
1906	15,796	846,585,023	356,034	134,375,925	718,352,603

Der Wendepunkt in der Entwicklung, der Zusammenschluss der Betriebe, trat Ende des vorigen Jahrhunderts ein. Von da ab kann man wirklich auf einzelnen Gebieten von Grossunternehmungen sprechen, die auf dem Markte ein gewichtiges Wort mitzureden haben. Wie sich nun die einzelnen Provinzen gewerblich beteiligen, geht aus der nächsten Tabelle hervor. Es wird in ihr zunächst die Gesamtzahl der Betriebe für jede Provinz gegeben, dann aber eine Gegenüberstellung der Betriebe mit mehr als 5 Arbeitern in den Jahren 1900 und 1905. Die eingeklammerten Zahlen bedeuten die Durchschnittszahlen der auf einen Betrieb fallenden Arbeiter.

Tabelle 12.

		Zahl der Anstalt.	Kapital $	Lohnarbeiter Zahl	Bez. Löhne $	Produktionswert $
Alberta:	1905	120	5,545,821	1,791 (14,9)	926,728	5,116,782
5 Arb. u. mehr	1900	105	1,689,871	1,037 (9,8)	364,569	1,964,987
	1905	97	5,400,371	1,739 (17,9)	898,393	4,979,932
Brit. Columbia:	1905	459	53,022,033	22,287 (48,5)	9,798,814	38,288,378
5 Arb. u. mehr	1900	392	22,901,892	10,353 (26,3)	4,332,445	19,447,778
	1905	363	52,403,379	22,067 (60,7)	9,680,975	37,796,740
Manitoba:	1905	354	27,517,297	9,194 (25,9)	4,767,146	28,155,732
5 Arb. u. mehr	1900	324	7,539,691	4,583 (14,1)	1,882,742	12,997,439
	1905	280	27,070,665	9,019 (32,2)	4,685,457	27,857,396
Neu Braunschweig:	1905	628	26,792,698	17,962 (28,6)	5,488,430	22,133,951
5 Arb. u. mehr	1900	919	20,741,170	20,442 (22,2)	4,683,695	20,972,470
	1905	531	26,461,664	17,743 (33,3)	5,420,976	21,833,564
Neu Schottland:	1905	909	75,089,191	22,135 (24,3)	7,751,278	32,574,323
5 Arb. u. mehr	1900	1,188	34,586,416	21,010 (18,5)	4,405,618	23,592,513
	1905	720	74.599,538	21,705 (30,1)	7,628,961	31,987,449
Ontario:	1905	7,996	397,484,705	169,745 (21,2)	66,002,021	367,850,002
5 Arb. u. mehr	1900	6,543	214,972,275	151,081 (23,0)	44,656,032	241,533,486
	1905	6,163	390,875,465	165,406 (26,8)	64,588,574	361,372,741
PrinzEdw. Ins.:	1905	285	1,680,541	2,692 (9,4)	349,352	1,851,615
5 Arb. u. mehr	1900	334	2,081,766	3,359 (10,0)	331,692	2,326,708
	1905	223	1,553,916	2,559 (11,4)	319,281	1,696,459
Quebec:	1905	4,965	255,479,662	108,918 (21,9)	38,703,763	219,861,648
5 Arb. u. mehr	1900	4,845	142,403,407	101,479 (20,9)	28,916,411	158,287,994
	1905	4,115	251,730,182	106,840 (25,9)	37,143,889	216,478,496
Saskatchewan:	1905	80	3,973,075	1,310 (16,3)	588,393	2,520,172
5 Arb. u. mehr	1900	—	—	—	—	—
	1905	55	3,820,975	1,251 (22,7)	553,499	2,443,801

So bietet Kanada das Bild ausserordentlichen Fortschreitens auf industriellem Gebiet. Die Statistik zeigt aber auch, wie überlegen die Ostprovinzen über die Westprovinzen in industrieller Hinsicht sind. Rechnet man den Westen von der Provinz Manitoba ab, so ergibt sich für die beiden Teile folgende Gewerbestatistik für 1906.

Tabelle 13.

	Unternehm.	Kapital	Arbeiter	Lohn	Produktion
Westen	1,013	90,058,226	34,582	16,081,082	74,081,064
Osten	14,783	756,526,797	321,452	118,294,843	644,271,559

Hier zeigt sich der Gegensatz im hellen Licht. Die kleine Provinz Neu-Schottland ist fast so gewerbereich wie der ganze Westen zusammen.

Auffällig erscheint bei der grossen Jugend der kanadischen Industrie der verhältnismässig grosse Anteil, den Fabriken mit mehr als 1000 Köpfen an der gesamten Produktion haben. Wenn man in der oben gegebenen Tabelle 12 die Zahl der Betriebe und die darauf fallende durchschnittliche Arbeiterzahl der Jahre 1905 und 1900 vergleicht, so findet man, dass in fast allen Provinzen die Zahl der Betriebe, welche mehr als fünf Arbeiter beschäftigen, zurückgegangen ist. Dagegen hat sich die Zahl der Arbeiter, welche in den einzelnen Betrieben beschäftigt werden, ausserordentlich stark vermehrt, manchmal um das Doppelte. Es ist aber zu berücksichtigen, dass das Eingehen der kleineren Betriebe und die Vergrösserung der Arbeiterzahl fast ausschliesslich den ganz grossen Unternehmungen zugute gekommen sind. Dadurch hat sich ein schroffer Gegensatz gebildet zwischen den grossen Unternehmen und den kleineren bis zu 50 Arbeitern. Die Fabriken mittleren Umfanges sind nur spärlich vorhanden. Das mag der Grund sein, weshalb man eine Gattung von Fabriken wenig antrifft: Spezialfabriken für die Herstellung hochwertiger Zubehörteile.

Nach den offiziellen Ermittlungen ergab sich im Jahre 1906 für die reine Eisen- und Stahlindustrie folgende Statistik

Tabelle 14.

Zahl der Unternehmungen	Kapital	Arbeiterzahl	Gezahlte Löhne	Wert der Produktion
707	61,204,638	30,480	13,894,518	53,125,265
Im Verhältnis zum Ganzen:				
4,5%	7,1%	8,5%	10,3%	7,3%

Für die heutigen Verhältnisse hat allerdings diese Aufstellung nur noch historisches Interesse, denn in den letzten 5 Jahren sind ausserordentliche Neubauten und Erweiterungen vorgenommen worden. Deshalb dürfte die von der Regierung vorgenommene neue Zählung wesentlich andere Werte ergeben. Aus diesem Grunde sollen auch die Zahlen für die einzelnen Zweige der Eisenindustrie nicht näher angegeben werden.

Eins aber zeigt auch diese Tabelle schon, den Zusammenschluss der Industrien. Die auf ein Unternehmen entfallende Arbeiterzahl übersteigt um fast das Doppelte den Durchschnitt. Die Nähe der Vereinigten Staaten und die im wesentlichen gleichartigen Lebensbedingungen und Anschauungen sind der Grund, dass sich der Zusammenschluss gleicher Industrien auch auf Kanada übertragen hat. Vielfach geht die Umwandlung in der Art vor sich, dass eine Anzahl Kapitalisten die bedeutenderen Werke ankauft und unter einer neuen Firma vereinigt. So sind z. B. 12 der bedeutendsten Zementfabriken unter dem Namen Canada Cement Co. mit einem Grundkapital von 24 Millionen Dollar vereinigt worden. Ebenso haben sich eine Reihe von Firmen, die Eisen- und Stahlfabrikate herstellen, unter dem Namen Steel Company of Canada zusammengetan.

Wenn aus irgendwelchen Gründen der Weg des vollständigen Zusammenschlusses nicht eingeschlagen wird, so bilden meistens die Fabrikanten dann ein Verkaufssyndikat, welches ihnen einen bestimmten Anteil gibt. Eine genaue Statistik darüber ist nicht vorhanden. Die Zahl soll aber nach Ansichten von Fachleuten nicht mehr klein sein. Ganz kürzlich hat sich erst ein Schraubenmuttersyndikat gebildet.

Infolge des Zusammenschlusses der einzelnen gleichartigen Werke ist die gewerbliche Organisation als solche wenig ausgebildet. Für die in Deutschland und zum Teil auch in den Staaten so zahlreichen Fachorganisationen der Arbeitgeber ist in Kanada noch kein rechtes Bedürfnis vorhanden. Entweder ist ein Industriezweig ganz in den Händen eines Konzerns oder weniger grosser Werke, oder aber er ist noch nicht so ausgebildet, dass sich bereits eine Reihe von selbständigen Industriellen darin betätigen, die Interesse an einem Zusammenschluss haben. Nur eine grosse Organisation besitzt Kanada, die Canadian Manufacturer's Association mit dem Sitz in Toronto, die alle Zweige umfasst und über das ganze Land verbreitet ist.

Im allgemeinen kann man sagen, dass hochwertige Artikel fast durchweg importiert werden, während die gewöhnlichen Massenartikel in guter Qualität im Lande selbst hergestellt werden, z. B. Guss, Muttern, Schrauben, Bolzen, Nieten und Nägel.

Aus den obigen Tabellen geht hervor, dass der Hauptsitz der Industrie im Osten sich befindet.

Vergegenwärtigt man sich den industriellen Osten mit seiner englisch-französischen Bevölkerung auf der einen Seite, auf der anderen den landwirtschaftlichen Westen, aus dessen Bevölkerungsgemisch sich nur die Amerikaner abheben, so dürfte man einen wesentlichen Faktor für den Ausfall der Septemberwahlen 1911 haben. In dem ganzen Kampfe spiegelte sich offen der Gegensatz zwischen Ost und West oder moderner gesagt zwischen Industrie und Landwirtschaft wieder. Man schätzt, dass die grossen industriellen Gesellschaften etwa vier Millionen Dollar zu den Wahlunkosten beigetragen haben. Der Osten fürchtet einmal, dass der Einfluss des amerikanischen Kapitals noch mehr steigen wird. Das widerstrebt aber seinem nationalen Empfinden.

Denn die Seeprovinzen und Ontario sind konservativ englisch gesinnt und würden es meistenteils vorziehen, in ein noch engeres handelspolitisches Band mit dem Mutterlande zu kommen, ihnen sind die jetzigen Vorzugszölle noch nicht genügend. Die meistens französische Provinz Quebec ist im wesentlichen derselben Ansicht, jedenfalls aber steht die Bevölkerung dieser Auffassung nicht entgegen.

Dann aber ist die junge kanadische Industrie für ihr Bestehen überhaupt besorgt. Sie fürchtet, dass mit den Zollermässigungen die Einfuhr amerikanischer Industrieprodukte noch mehr steigen und so zur Verdrängung oder Ueberflügelung der heimischen Industrie führen dürfte. Denn heute ist der weitaus grösste Teil der Industrie ohne einen hohen Schutzzoll noch nicht lebensfähig. Soweit in dem Vertrage industrielle Erzeugnisse in Frage kommen, handelt es sich im wesentlichen um Rohprodukte oder Halbfabrikate. Gerade aber durch deren entweder zollfreie oder ermässigte Einfuhr fürchten die kanadischen Industriellen, insbesondere die Rohproduzenten selbst, einen tiefgehenden Einfluss auf die Preisbildung. Sie selbst sind noch nicht in der Lage, den Amerikanern in deren Heimatlande Konkurrenz machen zu können, sie müssen also den ganzen Ueberfluss der amerikanischen Produktion über sich ergehen lassen, ohne ein wirksames Gegenmittel zu haben. Die unmittelbare Folge ist nun, dass die verarbeitenden Industrien jetzt in der Lage sind, billigere Preise für Rohprodukte und Halbfabrikate zu fordern, wodurch dann wieder die Gewinnchancen der kanadischen Stahlwerke gemindert werden. Aber auf der anderen Seite besteht für alle kanadischen Industriellen die grosse und von ihnen voll erkannte Gefahr, dass sich nunmehr immer mehr amerikanische Firmen diesseits der Grenze festsetzen und das Geschäft an sich ziehen werden. Wenn es deshalb auch sonderbar erscheinen mag, dass die verarbeitende Industrie mit der erzeugenden Hand in Hand geht, so liegt m. E. der Schlüssel zu der Erklärung in dem allen kanadischen Industriellen gemeinsamen Gefühl der möglichsten Niederhaltung von amerikanischen Neugründungen. Hierbei spielen nicht nur, wie man annehmen könnte, materielle, sondern, wie man an Ort und Stelle jederzeit wahrnehmen kann, starke nationale Beweggründe mit.

Anders dagegen steht der Westen der Frage gegenüber. Die dort ansässige Bevölkerung lässt sich als englisch im nationalen Sinne nicht bezeichnen, sie spricht wohl englisch, fühlt aber nicht so. Nur ein geringer Bruchteil der Einwanderer hat noch Beziehungen zum Mutterlande, die meisten, selbst wenn sie aus England stammen, haben ihre alte Heimat über Bord geworfen. Sie wollen sich hier eine neue Heimat schaffen, irgendwelche Beziehungen zur Scholle selbst haben sie noch nicht, bei ihnen steht das persönliche Interesse absolut im Vordergrund, ein Wort wie „Schutz der nationalen Arbeit“ findet bei ihnen noch keinen Widerhall. Sie kennen den Osten nur von der flüchtigen Durchfahrt, seine Lebensbedingungen sind ihnen völlig fremd. Sie verlangen vor allen Dingen billige Arbeitsgeräte und Verbilligung aller Sachen, die sie zum Fortkommen und Lebensunterhalt gebrauchen.

Diesen Erfolg versprechen sie sich von der Annahme des Gegenseitigkeitsvertrages. Sie erwarten einmal eine Verbilligung der amerikanischen Produkte infolge geringeren Zolls, sodann aber auch, dadurch veranlasst, ein Sinken der Preise für die kanadischen Waren.

Gerade aber der wirtschaftlich und numerisch stärkste Teil der westlichen Bevölkerung, die Amerikaner, unterstützen den Vertrag aus nationalen Gründen. Wenn sie auch politisch zu Kanada gehören, so bleiben sie doch in ihrer ganzen Gesinnung Amerikaner. Sie geben ihre alte Heimat nie völlig auf, sie unterstützen nach Kräften alles was Amerika betrifft.

Schon oben ist angedeutet worden, dass man bei einem Vergleich der Tabellen über Einwanderung und Einfuhr finden wird, wie das scharfe Ansteigen der amerikanischen Einfuhr zeitlich mit dem Beginn der verstärkten amerikanischen Einwanderung zusammenfällt. Noch deutlicher würde das eine Aufstellung zeigen, die die Einfuhr nach den verschiedenen Provinzen angeben würde, aber derartige Nachweise bestehen nicht. Indirekt geht es aber aus der verstärkten Niederlassung amerikanischer Firmen im Westen hervor.

Je mehr der amerikanische Einfluss steigt und je dichter der Westen besiedelt wird, um so ernster wird die Gefahr einer neuen und dann voraussichtlich erfolgreichen Annäherung der beiden Länder.

Mag nun aber auch ein grosser Gegensatz zwischen Ost und West in seiner Wirtschaft und Bevölkerungszusammensetzung bestehen, eins haben beide gemeinsam, eine vorwärtsstrebende, regsame, lebendige Bevölkerung. Trotz der grossen räumlichen Entfernung kann man äusserlich wenig Unterschiede wahrnehmen. Dies muss wohl dem nivellierenden Element der Eisenbahnen zugeschrieben werden. Denn trotz der grossen Ausbreitung der Bevölkerung ist doch erst ein geringer Teil des Landes unter wirklicher Kultur. Sie folgt automatisch den Eisenbahnlinien und breitet sich an beiden Seiten nur einige Meilen aus. Deshalb steht die ganze Bevölkerung auch in einem viel regeren Wechselverkehr. Interessantere Ereignisse sind sehr bald in aller Mund. Wird z. B. heute in Montreal eine neue Maschine probiert und sie bewährt sich, so wird sicher wenige Tage später in Winnipeg oder Edmonton davon gesprochen und sehr bald werden auch Versuche damit gemacht. Das ist ein nicht zu unterschätzender Umstand. Erfolge sprechen sich sehr schnell im Lande herum, Misserfolge aber ebenso schnell.

§ 6.

Die Arbeiterverhältnisse.

Für einen Angehörigen des Arbeiterstandes, selbst den der Sprache nur unvollkommen kundigen, bietet sich ausreichende Möglichkeit zum Weiterkommen. An Arbeitsgelegenheit fehlt es nirgends, oft übersteigt die Nachfrage das Angebot, und manchmal ist es fast unmöglich, nur das notwendigste Arbeitermaterial zu bekommen. Mit diesem Uebelstand hat besonders die Bauleitung der Grand Trunk Pacific Railway zu kämpfen. Der fortgesetzte Arbeitermangel stellt die Fertigstellung der Bahn zu dem in Aussicht genommenen Zeitpunkt in Frage, obwohl mehr als durchschnittliche Löhne bezahlt werden. Da überall Leute gebraucht werden, so nutzen die Arbeitslustigen diese Gelegenheit nach Möglichkeit zu ihrem Vorteil aus. Insbesondere stellen die gelernten Arbeiter an Lohn und Arbeitsbedingungen Anforderungen, die in Deutschland noch unbekannt sind.

Die Höhe der Löhne ist grossen Schwankungen unterworfen, sie richtet sich ganz nach Jahreszeit und Gegend. Es kommt vor, dass im Westen bei kürzerer Arbeitszeit das Doppelte bezahlt wird wie im Osten. Nachstehende Tabelle 15 soll ein kleines Bild von den Lohnverhältnissen in den einzelnen Berufen Anfang 1911 geben.

Tabelle 15.

Ort	Höhe und Art des Lohns
Maurer.	
Winnipeg	55 c. per Stunde.
Montreal	45 c. „
Hamilton	47 c. „
Ottawa	47 c. „
Toronto	50 c. „
Regina	63 c. „
Lethbridge (Alberta)	$66^2/_3$ c. „
Quebec	3 $ täglich (10 Stunden Arbeitszeit).
Tagelöhner.	
Ost-Kanada	$ 1,50—2,00, 10 Std. Arbeitszeit.
Manitoba und NW.-Kanada	$ 1,75—2,25
Britisch Columbien	$ 1,50—2,50
Minenarbeiter.	
Kohlenlader in Neu Schottland	$ 1,28—1,52, tägl. 8—10 Std. Arbeitszeit.
dto. in Alberta	$ 2,50, täglich 8—10 Std. Arbeitszeit.
dto. Britisch Columbien	$ 2,00—2,50, tägl. 8—10 Std. Arbeitszeit.
Hauer in Alberta	$ 3,00—5,00 „ „
dto. in Britisch Columbien	dto. „ „
Arbeiter in Goldminen: Neu Schottland	$ 2,25, täglich 8 Std. „
dto. B.-Columbien	$ 3,00—4,00 „ „
Arbeiter in Silberminen: Br.-Columbien	$ 3,00—4,00 „ „
Gärtner.	
Ost-Kanada	$ 1,00—1,75 täglich.
Manitoba	$ 1,00—1,75 „ und Verpflegung.
Alberta	$ 25,00—40,00 monatl. und Verpflegung.
Saskatchewan	$ 25,00—40,00 monatl. und Verpflegung.
Britisch Columbien	$ 25,00—40,00 monatl. und Verpflegung.
Farmarbeiter (sämtlich mit Verpflegung und Unterkunft).	
Manitoba, im Sommer	$ 20,00—30,00 monatlich.
„ im Winter	$ 5,00—15,00 „
Alberta, im Sommer	$ 20,00—25,00 „
Saskatchewan, „ „	dto. „
Br.-Columbien, „ „	$ 25,00—45,00 „
Ontario, „ „	$ 20,00—30,00 „
„ im Winter	$ 10,00—20,00 „
Neu Schottland, im Sommer	$ 15,00—25,00 „

Ort	Höhe und Art des Lohns
In der Erntezeit	
Alberta, Manitoba, Saskatchewan . . .	$ 45,00 monatlich.
Britisch Columbien	$ 30,00—45,00 monatlich.
Ontario	$ 30,00—40,00 „

Die Jahreslöhne schwanken zwischen $ 200,00 und 350,00, bei Verheirateten zwischen $ 275,00=400,00. Ausserdem erhalten letztere Haus, Garten, Milch und Heizmaterial.

Buchdrucker.

Halifax	$ 1,80 täglich.
St. John	$ 2,00 „
Montreal	$ 2,08 „
Toronto	$ 2,50 „
Winnipeg	$ 3,00—3,33 „
Edmonton	$ 2,50 „
Vancouver	$ 25,00—27,00 wöchentlich, 9 Std. tägl.

Zimmerleute.

Toronto	33 c. stündlich.
Quebec	20 c. „
Lethbridge (Alberta)	45 c. „
Winnipeg	45 c. „
Calgary	45 c. „
Montreal	25 c. „
Halifax	$ 2,25 täglich (10 Std. Arbeitszeit).

In der nächsten Tabelle ist ein Vergleich des Tagelohns gemacht, der im Januar 1910 bei öffentlichen Bauten in drei verschiedenen Städten verdient worden ist. Die Arbeitszeit betrug in Quebec 10 Stunden, sonst 8 Stunden täglich [1]).

Tabelle 16.

Arbeiter	Quebec $	Toronto $	Lethbridge $	
Maurer	3,00	4,00	5.35	
Steinmetzen	3,00	4,00	4,80	
Zimmerleute	1,75	2,65	4,05	9 Std. Arbeitszeit
Tischler	2,00	2,65	4,05	
Treppenleger	2,00	2,80	4,00	
Stuckarbeiter	2,50	4,00	5,35	

Es ergibt sich aus beiden Tabellen, dass der Arbeiter mit einem anderen Einkommen rechnen kann als in Europa. Wenn auch die Kosten des Lebensunterhaltes höher sind, so kann er doch mehr Geld für andere Zwecke verwenden. Dabei ist der Lohn in den letzten Jahren ziemlich gestiegen. Die nachstehende Tabelle 17 [2]) gibt eine Aufstellung über die Ende 1906 bei neunstündiger Arbeitszeit in verschiedenen Städten gezahlten Löhne.

[1]) Vgl. hierzu Grigg, Bericht 1911, S. 26.
[2]) Vgl. hierzu Grigg, Report upon the conditions and prospects of British trade in Canada, London 1908, S. 50.

Tabelle 17.

	Halifax $	Ottawa $	Winnipeg $	Vancouver 8 Std. $
Maurer	3,15	3,78	4,95	4,00
Steinmetzen	3,25	3,44 (8 Std.)	5,00	4,00
Zimmerleute	2,25	2,02	3,15	3,00 (9 Std.)
Maler	2,00	2,00	2,70	3,50 „
Stuckarbeiter	2,97	2.70	3,50	4,00

Dass in Quebec geringere Löhne gezahlt werden, liegt wohl daran, dass hier ein ziemliches Angebot von Arbeitskräften ist. Die Franko-Kanadier vermehren sich sehr, gehen aber aus ihrem Stammlande nicht fort und sind fleissig und genügsam.

Allerdings steht dieser Steigerung der Löhne eine erhebliche Verteuerung aller Lebensmittel gegenüber, die um so seltsamer erscheint, als Kanada auch auf landwirtschaftlichem Gebiet überraschende Fortschritte gemacht hat. Besonders das Steigen der Fleischpreise ist ein Phänomen, das bei den ausgedehnten Weideländereien kaum erklärlich ist. Als 1909 die Steigerung so erheblich war, dass die ärmere städtische Bevölkerung die Fleischerläden boykottierte, suchte die Regierung den Ursachen der Teuerung durch umfangreiche Erhebungen nachzugehen. Die Ergebnisse sind in einem 1910 erschienenen umfangreichen Bericht zusammengestellt [1]).

Einige besonders interessante Ergebnisse sind in Tabelle 18 aufgeführt.

Tabelle 18.

Arten	1890	1900	1905	1909
Rindfleisch pro Pfd. in Toronto . . .			c. 6,52	c. 9,36
Kalbfleisch pro Pfd. in Toronto . . .			c. 8,19	c. 9,39
Geflügel pro Pfd. in Montreal	c. 9,5	c. 5,5	c. 8,6	c. 13,1
Schmalz pro Pfd. in Toronto	c. 8,9	c. 9,3	c. 9,3	c. 13,9
Speck pro Pfd. in Montreal	c. 10,6	c. 12,1	c. 14,3	c. 15,5
Butter pro Pfd. in Toronto	c. 20,2	c. 22,3	c. 22,7	c. 25,4
Käse pro Pfd. in Montreal	c. 9,8	c. 11,2	c. 11,2	c. 12,0
Eier pro Dutzend in Montreal	c. 16,0	c. 14,0	c. 17,2	c. 23,0
Zucker pro 100 Pfd. in Toronto . . .	$ 7,11	$ 4,69	$ 5,19	$ 4,71

Trotz der hohen Preise stehen aber Arbeitslohn und Lebensmittelpreis in nicht so strenger Abhängigkeit voneinander wie in Europa. Das ist im wesentlichen dem Einfluss der Arbeiterorganisationen zu verdanken. Für sie sind die amerikanischen Unions vorbildlich gewesen, die auch heute noch einen grossen direkten Einfluss in Kanada haben. Fünf grosse Organisationen sind zu unterscheiden, die über die lokale Bedeutung hinausragen und der Mittelpunkt einer Reihe von Lokalvereinigungen sind:

1. Dominion Trades Congress, eine rein kanadische Vereinigung, die sich aus Vertretern von Lokalorganisationen zusammensetzt,

[1]) Wholesale prices in Canada 1890—1909. Special report by R. H. Coats Ottawa 1910.

2. die International Unions der Vereinigten Staaten,
3. die Knights of Labour mit dem Sitze in Washington,
4. die American Federation of Labour,
5. United Wage Earners of Canada, eine ziemlich verbreitete Organisation.

Daneben bestehen noch zwei bedeutende Lokalvereinigungen von Minenarbeitern, die nicht unerwähnt bleiben sollen:

1. die Western Federation of Miners in Britisch Columbien,
2. Provincial Workmen's Association in Neu Schottland.

Um über den Einfluss dieser Organisationen auf das wirtschaftliche Leben ein richtiges Bild zu gewinnen, müsste diese Frage wohl zum Gegenstand eines besonderen Studiums gemacht werden. Der Sekretär des High Commissioner in London W. L. Griffith meint[1]), dass ohne diese Organisationen und ihren Einfluss auf die Lohnfrage Kanada kaum diesen Aufschwung erlebt hätte. Es soll zu dieser Ansicht weiter nicht Stellung genommen werden. Nur ist vielleicht die Tatsache von Interesse, dass sich mehrfach kanadische Industrielle zu mir über die Organisationen günstig ausgesprochen haben. Jedenfalls sprach niemand von irgendwelchen schädigenden Einflüssen. Richtig ist allerdings, dass dort die Löhne höher, wo die Organisationen stärker sind und grössere Macht besitzen.

Den Einfluss auf das gewerbliche Leben wie in den Staaten haben die Organisationen in Kanada noch nicht. Zahlreiche Arbeiter in vielen Berufen stehen einem Zusammenschluss noch fern. Man darf nicht vergessen, mit wie grossen nationalen Schwierigkeiten hier zu kämpfen ist. Eine spezifisch kanadische Arbeiterschaft hat sich noch nicht in dem Masse gebildet, dass sie dem Neuankömmling wie eine geschlossene Phalanx gegengenübersteht, in die er einzutreten hat. Die Verhältnisse liegen nicht so wie in den Staaten. Es gibt grosse Werke in Kanada, wo nur Angehörige einer Nation arbeiten. Dort bleibt die Muttersprache Umgangssprache und das hindert im Verkehr mit den Arbeitern anderer Nationen.

Neben dieser gewerkschaftlichen Arbeiterbewegung läuft eine politische, als deren Anfangsjahr 1873 anzusehen ist. Damals versammelten sich 44 Delegierte der Industriezentren in Toronto und bildeten die Canadian Labour Union. Zum Zwecke gegenseitigen Schutzes und der Erlangung von Einfluss auf die Gesetzgebung sollte eine grosse nationale Arbeiterbewegung ins Leben gerufen werden. Nach viermaligen Tagungen löste sich die Canadian Labour Union auf und erst im Jahre 1883 kam es nach mehreren Anläufen wieder zu einer umfassenden Organisation. Es gelang dem Toronto Trades and Labour Council, alle Unions in dem jährlich einmal stattfindenden Trade and Labour Congress of Canada zu vereinigen. Das aufgestellte Programm deckt sich im wesentlichen mit den Forderungen der europäischen politischen Arbeiterorganisationen wie z. B. achtstündiger Arbeitstag, Verbot der Kinderarbeit, behördliche Gewerbeinspektion usw. Es ist ihnen auch gelungen, Vertreter in die Parlamente zu bekommen.

[1]) Vgl. Griffith a. a. O. S. 168 ff.

§ 7.

Die Verkehrsverhältnisse.

Selbst ein kurzes Bild der allgemeinen wirtschaftlichen Verhältnisse würde unvollständig sein, wenn nicht der grossartigen Entwicklung des Verkehrs, insbesondere des Eisenbahnwesens gedacht würde.

Man kann ruhig sagen, dass Kanada hierin den Vereinigten Staaten gleicht: Es ist durch seine Eisenbahnen gross geworden. Und in der Tat ist mir kein Land, selbst die Vereinigten Staaten nicht ausgenommen, bekannt, wo einmal die Regierung in so ausserordentlicher Weise die Eisenbahnen gefördert hat, wo aber auch an der Spitze der Gesellschaften wahre Pioniere der Kultur gestanden haben und noch stehen; Männer, die wirklich den Vorteil des Ganzen über ihren eigenen stellen.

Der Merkstein in der Entwicklung ist das Jahr 1881, das Gründungsjahr der kanadischen Pacific-Eisenbahn. Bis zu der Zeit gab es in Kanada rund 7000 Meilen Eisenbahn. Während ursprünglich im ganzen 167 grössere und kleinere Eisenbahngesellschaften bestanden, kann man heute nur noch von vier wirklich bedeutenden Bahnsystemen sprechen. Es ist dies einmal die der Regierung gehörige Intercolonial-Eisenbahn im Osten, dann die drei grossen Privateisenbahnen: Canadian-Pacific, Grand Trunk und Canadian-Northern.

Die kanadische Pacific-Bahn, in der etwa 30 der kleineren Bahnen aufgegangen sind, hat am 30. Juni 1910 eine Gesamtlänge von 11 004 Meilen gehabt. Dazu kommen noch zwei auf dem Gebiet der Vereinigten Staaten gelegenen Bahnsysteme, die von der C. P. R. kontrolliert werden, mit einer Länge von 4225 Meilen. Wenn dieses System auch hinsichtlich der Länge seiner Linie von europäischen und amerikanischen Gesellschaften übertroffen wird, so steht es doch in seiner Gesamtheit unerreicht da. Der Gesellschaft gehören eine Anzahl von Hotels, die als die besten in Kanada gelten. Sie hat ihr eigenes Telegraphennetz und eine eigene Flotte von 60 Schiffen auf den Seen und den beiden Ozeanen. Für den Bau der transkontinentalen Bahn sind der Gesellschaft seinerzeit von der Regierung ausser wertvollen Vorrechten und Freiheiten 25 Millionen Dollars und 100000 Quadratkilometer Land gegeben worden. Noch heute bildet das von der Regierung geschenkte Land, das sich mit in den besten Weizengegenden befindet, eine wesentliche Einnahmequelle der Eisenbahn. Der Schwerpunkt der Bahn liegt auch heute noch in dem transkontinentalen Verkehr, ihre Linie ist zurzeit noch die einzige in Kanada.

Andere Verhältnisse herrschen bei der Grand Trunk Bahn. Sie ist zwar das älteste Eisenbahnsystem in Kanada, doch betrug ihre Gesamtlänge Ende 1910 nur 5560 Meilen. Ihr Schwerpunkt ist hauptsächlich das Gebiet um die alt besiedelten Städte und Plätze des Ostens. Eine grosse durchgehende Linie durch ganz Kanada besitzt sie zurzeit noch nicht. Sie wird aber augenblicklich nördlich der C. P. R. Linie als Grand Trunk Pacific gebaut und soll etwa im Jahre 1913 vollständig in Betrieb genommen werden. Sie läuft von Quebec durch Nordontario nach Winnipeg und von dort über Edmonton nach Prince Rupert am Stillen Ozean. Ihr Endpunkt liegt somit etwa 200 Meilen nördlicher als der der C. P. R. Damit dürfte dann die zweite Transkontinentalbahn in Kanada vorhanden sein. Voraussichtlich werden mit der Vollendung dieser Bahn auch die jetzt noch sehr dünn besiedelten nördlichen Landstriche von Ontario und dem Westen eine starke Bevölkerungszunahme aufweisen. Das dritte und jüngste grosse Bahnsystem ist die Canadian Northern Eisenbahn. An ihrer Spitze stehen zwei der bedeutendsten Männer, welche Kanada zurzeit aufzuweisen hat, Die Länge des Bahnsystems betrug im Jahre 1911 (am 30. Juni) 3383 Meilen. Fast alle Linien der Gesellschaft liegen in den westlichen Provinzen. Es fehlt der Gesellschaft noch heute an einer direkten Verbindung zwischen dem Westen und dem Osten Kanadas. Aber nicht mehr lange und auch diese Verbindung wird hergestellt sein. Dann dürfte binnen kurzer Zeit Kanada das dritte grosse Transkontinental-Eisenbahn-System besitzen.

Die Gesamtlänge der Eisenbahnen betrug am Schlusse des Etatsjahres 1910 etwa 24 731 Meilen.

Es ist dies ein ausserordentlich entwickeltes Eisenbahnwesen, das im Verhältnis zur Bevölkerung höher ist als das jedes europäischen Landes und der Vereinigten Staaten und das nur von Neu-Seeland und West-Australien übertroffen wird.

Dagegen ist die Entwicklung der natürlichen und künstlichen Wasserstrassen ziemlich vernachlässigt worden. Trotz des grossen für die Schiffahrt nutzbar zu machenden Wasserreichtums des Landes ist heute nur die Regulierung des Lorenzstromes erfolgt. Verbindungen zwischen zwei Flüssen fehlen vollständig oder spielen für den Grossverkehr keine Rolle. Ende 1910 bestanden in Kanada 250 Meilen künstliche Wasserstrassen, in der Hauptsache zur Umgehung von Stromschnellen gebaut. Die nachstehende Tabelle 19 gibt eine Aufstellung.

Tabelle 19.

Name	Länge in engl. Meilen	
Lachine	$8^1/_2$	$244^3/_4$ engl. Meilen
Soulanges	14	
Cornwall	11	
Williamsburg	$12^1/_4$	
Murray	$5^1/_6$	
Welland	$26^2/_3$	
Sault St. Mary	$1^1/_4$	
Grenville	$5^3/_4$	
Carillon	$^3/_4$	
St. Anne's	$^1/_8$	
Chambly	12	
St. Ours	$^1/_8$	
Rideau	7	
Trent	160	
St. Peter	$^1/_8$	

Der Trentkanal soll später, wenn er ausgebaut ist, eine Verbindung zwischen Ontariosee und Huronsee darstellen. Zunächst ist er nur der Ausdruck für ein Netz von Wasserwegen, die noch nicht im Zusammenhang stehen.

Die übrigen Kanäle dienen im wesentlichen dazu, den Lorenzstrom schiffbar zu machen, wodurch ein direkter Schiffahrtsweg Ozean-Oberer See geschaffen ist, wie Tabelle 20 zeigt. Als Ausgangspunkt ist hier Montreal genommen.

Tabelle 20.

Flussstrecke	Länge in engl. Meilen
1. Lachine-Kanal	$8^1/_2$
a) St. Louissee und Lorenzstrom	16
2. Soulanges-Kanal	14
b) St. Francissee und Lorenzstrom	33
3. Cornwall-Kanal	11
c) Lorenzstrom	5
4. Farran's Point-Kanal	$1^1/_4$
d) Lorenzstrom	10
5. Rapide Plat-Kanal	$3^2/_3$
e) Lorenzstrom	4
6. Galops-Kanal	$7^1/_3$
f) Lorenzstrom und Ontariosee	236
7. Welland-Kanal	$26^3/_4$
g) Eriesee, Detroitfluss, St. Clairsee, Huronsee	580
8. Sault St. Mary-Kanal	$1^1/_4$
h) Oberer See bis Port Arthur oder Fort William	273
Montreal bis Fort William	$1{,}230^1/_4$
bis Duluth	1,354
bis Chicago	1,286

Die Gesamtlänge der künstlichen Wasserstrassen auf diesem Wege beträgt 73 Meilen, der Höhenunterschied von 551 Fuss wird mittels 58 Schleusen überwunden. Das ist die einzige Wasserstrasse, die ins Innere des Landes führt und als Verkehrsweg in Frage kommt. Ein Blick auf die Karte zeigt nun, dass das hochentwickelte Eisenbahnnetz des Ostens und des Westens nur durch einen einzigen Schienenweg, die Hauptlinie der C.-P.-R., zwischen Sudbury und Fort William zusammenhängt. Es stehen also zur Verladung der Getreidemengen auf kanadischem Gebiet östlich von Fort William nur zwei Wege zur Verfügung, ein Wasser- und ein Landweg. Man muss sich nun vor Augen führen, wie gewaltig der Anbau im Westen ist. Das ist schon näher in § 4 geschildert, nachstehende Tabelle gibt es noch einmal kurz an.

Tabelle 21.

Anbaufähiges Land	171,000,000	Acker.
Hiervon angebaut 1911	16,779,822	„
davon mit Weizen	10,200,000	„
Hafer	4,678,000	„
Gerste	1,150,000	„
Flachs	751,822	„
Geschätzte Produktion für 1911 in Weizen	160,000,000	Buschel.
Produktion für 1910 in Weizen	149,990,000	„
Deutschlands Weizenproduktion in 1910	142,509,000	„

Seit Jahren besteht deshalb eine grosse Schwierigkeit in dem Transport. Das nutzen amerikanische Eisenbahngesellschaften aus und bauen in den kanadischen Weizendistrikten immer mehr Bahnen, um die Frachten auf ihr Netz abzuleiten. Namentlich geht hier der bekannte Eisenbahnmann Hill vor. So ist es gekommen, dass ein sehr grosser Teil der kanadischen Ernte über die Union verladen wird. Das Nähere ergibt für 1910 die nachstehende Aufstellung:

Weizenernte im Westen 1910	94,922.385 Buschel
Verladen in Port Arthur bezw. Fort William . .	69,872,364 „
davon mit kanadischen Bahnen	6,746,586 „
„ mit Schiff	63,125,778 „
hiervon nach amerikanischen Häfen . .	18,484,953 „
Nicht am oberen See verladen	25,050,021 „

25 Millionen Buschel sind nicht nach dem kanadischen Osten verladen worden. Nach dem Westen findet kaum ein Versand statt. Rechnet man den eigenen Bedarf im Westen an Brot- und Saatweizen mit der hohen Summe von 16 Millionen Buschel, so bleiben noch 9 Millionen Buschel übrig, die auf amerikanischen Bahnen verfrachtet sein müssen. Für die Richtigkeit dieser Auffassung spricht der Umstand, dass für kanadische Rechnung im Jahre 1910: 27 129 471 Buschel Weizen von amerikanischen Häfen verschifft worden sind. Auf dem Wasserwege von Fort William sind hiervon nur rund 18 Millionen befördert worden.

Eine Ausfuhr über amerikanische Häfen soll verhindert und so weit wie möglich über kanadische Häfen geleitet werden. Hierfür sind zunächst zwei Projekte ausgearbeitet worden. Das eine ist die Herstellung einer Eisenbahnverbindung von dem Westen nach der Hudsonbay. Dort soll dann das Getreide nach Europa verschifft werden. Zurzeit ist der nordöstlichste Endpunkt der Bahnen im Westen Le Pas am Saskatchewan-Fluss. Diese Bahnlinie, die dem Canadian Northern System angehört, soll bis zur Hudsonbay verlängert werden, wo als Verladungshäfen Port Nelson und Fort Churchill in Betracht kommen. Die Distanz zwischen dem letzteren Punkt und Le Pas sind 465 Meilen. Die Baukosten dieser Linie und der Hafenanlagen sind auf 18 Millionen Dollar berechnet. Dieses Projekt hat mehr Anhänger als der Bau einer Bahn nach Port Nelson. Zwar ist die Entfernung mit 397 Meilen kürzer und der Bahnbau um etwa 3 Millionen Dollar billiger, aber die Hafenverhältnise sind erheblich ungünstiger. Dieser Umstand lässt befürchten, dass die Unterhaltungskosten hier höher sein werden als in Fort Churchill. Auf jeden Fall bedeutet der Bau der Bahn eine erhebliche Verkürzung des Bahntransports bis zum Verladungshafen, wie Tabelle 22 zeigt.

Tabelle 22.

Wichtige Getreideplätze	Eisenbahndistanz nach Montreal	Eisenbahndistanz nach Fort Churchill
Winnipeg	1424 engl. Meilen	945 engl. Meilen
Brandon	1557 „ „	940 „ „
Regina	1781 „ „	1200 „ „
Calgary	2264 „ „	1682 „ „
Prince Albert	1958 „ „	717 „ „
Edmonton	2456 „ „	1129 „ „

Die Schiffsstrecke nach Liverpool ist annähernd die gleiche, eine Frachtdifferenz dürfte nicht eintreten. Es beträgt die Entfernung:

Churchill-Liverpool		2946 Meilen
Montreal-Liverpool	via Belle Isle	2731 „
	via Cape Race	2927 „

Bedenklich bei diesem Plane sind klimatische Verhältnisse, da damit gerechnet werden muss, dass die Hudsonbay nur 3 Monate, August bis Oktober, eisfrei ist. Gleichwohl hofft man in dieser Zeit eine genügende Menge von Getreide verladen zu können, damit sich die Bahn rentiert.

Das zweite Projekt ist die Herstellung eines Schiffahrtskanals von der Georgianbay unter Benutzung des French Rivers und des Ottawaflusses bis zur Vereinigung des Ottawaflusses mit dem Lorenzstrom. Es würde dann als Verladungshafen nach Europa Montreal in Betracht kommen. Dieser mit 22 Fuss Tiefe projektierte Kanal weist eine ganze Menge technischer Schwierigkeiten auf. Bei einer Länge von ungefähr 440 Meilen ist eine Höhendifferenz von 760 Fuss zu überwinden. Der Durchbruch des Kanals durch die Hügelkette würde grosse Mauerarbeiten nötig machen. Im ganzen sind 27 Schleusen in Aussicht genommen. Dagegen sind an künstlichen Wasserstrassen nur 28 Meilen erforderlich. Auf 80 Meilen Länge ist die Benutzung von Seen und Flüssen in Aussicht genommen, welche allerdings vertieft werden müssten. Die ganze übrige Strecke von 332 Meilen geht durch genügend tiefe Flüsse, wo nur geringe Arbeiten erforderlich sind. Die Kosten der Anlage sind auf 100 Millionen Dollar geschätzt, dazu treten jährlich noch etwa 900 000 Dollar für Unterhaltung. Die Streckenersparnis gegenüber dem jetzigen Weg, dem Lorenzstrom, beträgt 282 Meilen, was eine zeitliche Fahrtverkürzung von 1½ Tagen ausmacht. Den Unterschied in der Entfernung gibt Tabelle 23.

Tabelle 23.

Strecke	Jetziger Kanadischer Wasserweg	Georgian Bay Kanal
Fort William—Liverpool .	4405 engl. Meilen	4123 engl. Meilen
Duluth- Liverpool . . .	4527 „ „	4245 „ „
Milwaukee—Liverpool . .	4365 „ „	4095 „ „
Chicago—Liverpool . . .	4431 „ „	4161 „ „

Im Anschluss an das Hudsonbay-Projekt ist eine Idee aufgetaucht, die gerade im Vergleich zu dem Kanalprojekt von Interesse ist: die Herstellung eines Wasserweges Winnipeg-Ozean unter Benutzung des Nelsonflusses. Dieser Fluss, der bei Port Nelson in die Hudsonbay mündet, hat einen ausserordentlichen Wasserreichtum, er entwässert einen grossen Teil der Rocky Mountains, grosse Strecken von Norddakota, Minnesota, Westontario und Manitoba. Völlig einwandfreie Messungen auf seinem ganzen Lauf liegen noch nicht vor, die bisherigen haben aber gezeigt, dass der Fluss 400 Meilen lang, zwischen 20 und 60 Fuss tief ist und mit einer Geschwindigkeit von 3 Meilen in der Stunde dahinströmt. Der Winnipegsee, hat bereits an seinem Südende, 25 Meilen von Winnipeg, eine Tiefe von 33 Fuss. Die Stadt steht mit dem See durch den Red River in Verbindung. Der ganze Höhenunterschied zwischen Winnipeg und Port Nelson sind etwa 300 Fuss. Das Projekt befindet sich noch im Werden, aber man bedenke, welchen Aufschwung Kanada nehmen und welcher Umschwung in den ganzen Transportmitteln eintreten muss, wenn direkte Dampfer zwischen Winnipeg und Liverpool verkehren können.

Welches von den Projekten zuerst zur Ausführung gelangen wird, kann dahingestellt bleiben. Sicher aber wird durch die Herstellung des einen oder anderen ein ausserordentlicher Aufschwung in wirtschaftlicher Hinsicht stattfinden. Gleichzeitig dürfte der Einfluss, den heute die amerikanischen Bahnen auf die Weizenbeförderung erlangt haben, stark nachlasssen, wenn diese Abfuhrwege auf kanadischem Gebiet geschaffen werden.

§ 8.

Bankwesen.

Ein Gradmesser für die materielle Hebung eines Landes ist der Zustand seines Bankwesens und das durch die Banken in Umlauf gesetzte Kapital. Kanada zählt heute 28 Bankunternehmen. Ein Bundesgesetz, der Banking Akt von 1869, bestimmt, dass zur Gründung jeder Bank eine besondere Erlaubnis nötig ist, die auf 10 Jahre erteilt wird und dann erneuert werden muss. Die wesentlichsten Bestimmungen sind folgende: keine Bank darf ein geringeres Grundkapital als eine halbe Million Dollar haben, mindestens eine halbe Million Dollar muss gezeichnet und hiervon eine Viertelmillion in bar dem Finanzminister bezahlt werden. Nun erst wird die Genehmigung zum Geschäftsbetrieb erteilt. Ein Reservefonds muss sofort gebildet werden, der nach der Höhe des Grundkapitals verschieden ist. Dann aber dürfen nicht eher mehr als 8 pCt. Dividende gezahlt werden, bis der Reservefonds 30 pCt. des eingezahlten Kapitals erreicht hat.

Besondere Bestimmungen sind zur Sicherung des Notenumlaufs getroffen worden. Jede Bank hat das Recht zur Notenausgabe, die Noten dürfen nicht auf weniger als 5 Dollar lauten und über den Betrag der Aktiva hinaus nicht ausgegeben werden. Im Falle einer Zahlungsschwierigkeit müssen die Noten zunächst eingelöst werden. Um eventuellen Verlusten vorzubeugen, ist für den Rücklauf der Noten ein besonderer Fonds „The Bank Circulation Redemption Fund“ gebildet, in den jede Bank 5 pCt. ihres durchschnittlichen jährlichen Notenumlaufs zu zahlen hat. Jede Bank hat die Noten einer andern Bank, solange diese nicht die Zahlung eingestellt hat, zum Nennbetrage anzunehmen.

Dadurch ist erreicht, dass in kritischen Zeiten das Publikum vor Verlusten durch Nichteinlösung von Noten geschützt war. Der Ausweis der Banken zeigt sehr gute Ziffern. In Tabelle 24 sind die Ausweise der 28 konzessionierten Banken angegeben.

Tabelle 24.

Kalenderjahr	Eingezahltes Kapital	Notenumlauf	Depositen	Verbindlichkeiten	Guthaben	Ueberschuss
1905	82,655,828	64,025,643	531,243,476	757,808,585	767,490,183	9,681,598
1906	91,035,604	70,638,870	605,968,513	868,828,423	878,512,076	9,683,653
1907	95,953,732	75,784,482	654,839,711	934,787,548	945,685.708	10,898,160
1908	96,147,526	71,401,697	658,367,015	930,265,975	941,290,619	11,024,644
1909	97,329,333	73,943,119	783,298,880	1,055,815,575	1,067,007,534	11,191,959
1.7.09 bis 30.6.10	98,728,342	79,781,631	797,849,593	1,040,324,464	1,230,825,305	
1.7.10 bis 30.6.11	101,065,306	88,618,699	874,672·408	1,101,875,234	1,302,131,886	

Trotz der strengen Vorschriften ist der Geschäftsgang der Banken seit Jahren ein anhaltend günstiger. Im Jahre 1905 gaben von den damals bestehenden 34 Banken 15 eine Dividende von 8 pCt. und darüber, zwei davon mehr als 10 pCt.; im Jahre 1909 von den 28 Banken 18 eine solche von 8 pCt. und darüber, 5 davon mehr als 10 pCt.

Es dürfte vielleicht interessant sein, dass die amerikanische Regierung das kanadische Bankwesen hat eingehend studieren lassen. Seine Grundzüge dürften voraussichtlich als Muster für die Bankgesetzgebung der Staaten dienen.

Die kanadischen Geldinstitute sind völlig ihrer Aufgabe gewachsen. Die Ausbildung des Bankwesens hat mit dem Aufschwung des Landes nicht nur völlig Schritt gehalten, sondern oftmals sind die Banken der Entwicklung des Landes vorausgeeilt und haben auf diese einen hervorragenden Einfluss gehabt. An jedem, selbst an den kleinsten Plätzen besteht mindestens eine Bankniederlassung und die grossen Banken haben Hunderte von Zweiganstalten über das ganze Land. Dadurch werden sie mit den leisesten Veränderungen und Verschiebungen des industriellen und landwirtschaftlichen Marktes sofort bekannt, ein Umstand, der in so jungen aufsteigenden Ländern von grosser Wichtigkeit ist.

§ 9.

Fremde Kapitalsanlagen.

Wenn man alle diese Punkte in Betracht zieht, so zeigt sich Kanada als ein Markt, der von Jahr zu Jahr an Bedeutung gewinnen muss. Man darf hier nicht etwa an südamerikanische oder asiatische Verhältnisse denken, mit einer Bevölkerung, die auf einer niederen Kulturstufe steht und deren Bedürfnisse auch oft durch minderwertige Waren befriedigt werden können. In ausserordentlichem Masse nimmt der Wohlstand in Kanada zu, damit ist aber eine höhere Kaufkraft und ein Verlangen nach wirklich guten Erzeugnissen verbunden. Nicht nur Luxusartikel werden im Lande mehr und mehr verlangt, wofür ein kleines Zeugnis der von Jahr zu Jahr geradezu fabelhaft steigende Bedarf in Automobilen ist, auch für gewöhnliche Qualitätsware wird Kanada von Jahr zu Jahr ein besserer Markt und es wird dafür ein guter Preis bezahlt.

Nach meinen Beobachtungen hat die deutsche Handelswelt diesem Verschieben des kanadischen Marktes nicht genügend Aufmerksamkeit geschenkt. Zwar steht Deutschland heute an vierter Stelle im kanadischen Einfuhrhandel. Wenn man aber die eingeführten Waren überblickt, findet man eine merkliche Lücke in hochwertigen Produkten. Billige Durchschnittsware wird viel eingeführt, aber die Qualitätsware fehlt. Hierin sind uns andere Länder zuvorgekommen.

Namentlich sind es hier die Amerikaner gewesen, welche den Markt systematisch bearbeitet haben. Die Statistik lehrt, dass der Erfolg auf ihrer Seite war. Die benachbarte Lage des Landes und die so ähnlichen, ja mitunter fast gleichen wirtschaftlichen Verhältnisse, die gleiche Sprache und das gleiche Mass- und Gewichtssystem sind zweifellos für den amerikanischen Kaufmann ein Hilfsmittel von nicht zu unterschätzender Bedeutung gewesen. Aber auf der anderen Seite muss man zugeben, dass er dieses Hilfsmittel in grossartiger Weise für sich ausgenutzt hat, während es anderen Ländern in fast der gleichen Lage, wie z. B. England lange nicht in dem Masse geglückt ist.

Nicht zum geringsten Teile beruht die heutige dominierende Stellung der Staaten auf der Tatsache, dass sie ausserordentlich hohe Kapitalien in der kanadischen Industrie angelegt haben. Denn zwischen Kapitalanlagen und Importhandel besteht ein überaus enger Zusammenhang. In welcher Form dabei diese Anlage gemacht wird, ist von nicht so wesentlicher Bedeutung, ob sie in der Form des Ankaufs von Aktien oder in der direkten Gründung von Unternehmungen ausgeführt wird. Wenn auch wohl die letztere Form den Vorzug verdienen dürfte, so haben beide doch eins gemeinsam: sie bringen die Beteiligten einander näher und verschaffen so eine genauere Kenntnis von Land und Leuten. Gerade die Anknüpfung der persönlichen Beziehungen ist so wertvoll, denn nicht zum geringsten Teil pflegen dadurch wichtige Geschäfte gemacht zu werden.

Wenn man aber, wie die Amerikaner es tun, selbst im Lande noch Industrien ins Leben ruft und Unternehmungen gründet, so wird dadurch eine noch engere Verbindung hergestellt. Denn es liegt auf der Hand, dass der Unternehmer selbstverständlich als Lieferanten diejenigen heranzieht, deren Fabrikate er bereits kennt oder mit denen ihn persönliche Beziehungen verbinden. Je mehr amerikanisches Kapital also in Kanada angelegt wird, um so enger werden die Beziehungen zwischen den beiden Industrien und um so mehr verbindende Linien laufen über die Grenze. Direkt für den Einfuhrhandel unterstützend wirkt allerdings das Kapital nur dann, wenn es auch wirklich in Handel und Gewerbe angelegt ist. Das in staatlichen oder städtischen Anleihen angelegte Geld sichert in gewissem Sinne wohl politischen Einfluss, aber einen unmittelbaren Handelsvorteil schafft es nicht. Das haben auch die amerikanischen Kapitalisten erkannt und man wird verhältnismässig wenig amerikanisches Geld in Anleihen finden.

Es ist ja natürlich sehr schwer zu sagen, wie hoch sich tatsächlich die Kapitalsanlagen der Amerikaner in Kanada belaufen. Die „Monetary Times of Kanada“ hat vor einiger Zeit eine Rundfrage gemacht.[1]) Sie fragte bei allen amerikanischen Firmen an, die Zweigniederlassungen in Kanada hatten, ebenso bei mehreren hundert Agenten. Das Ergebnis war die geradezu unglaubliche Summe von 226 800 000 Dollars und die Feststellung, dass 168 amerikansche Firmen mit einem Durchschnittskapital von 600 000 Dollars in Kanada arbeiten. Das genaue Ergebnis zeigt Tabelle 25.

---

[1]) Vgl. Grigg, Bericht 1911, S. 45.

Tabelle 25.

Arten	Summe $
168 Gesellschaften, 600,000 Durchschnittskapital $	100,800,000
Anlagen in Sägemühlen und Hölzern in Britisch Columbien . .	50,000,000
Anlagen in Minen in Britisch Columbien	50,000,000
Landbesitzungen in Alberta	10,000,000
Anlagen in Minen und Hölzern in Alberta	5,000,000
Packinganstalten	5,000,000
Engroshäuser	4,000,000
Landbesitz in Britisch Columbien	2,000,000
	226,800,000

Das zeigt, welche grossen amerikanischen Kapitalien in der kanadischen Industrie sitzen. In letzter Zeit hat sich das amerikanische Kapital hauptsächlich auf Minenunternehmungen geworfen, man schätzt, dass etwa die Hälfte des gesamten in Brit. Kolumbien in Gruben steckenden Kapitals amerikanischen Ursprungs ist. Viele der grossen Grubengesellschaften befinden sich ganz in den Händen amerikanischer Kapitalisten. Im letzten Jahre wurde in Vancouver festgestellt, dass 75 pCt. der Abholzungsberechtigungen sich in amerikanischen Händen befänden. Ebenso werden die Wasserkräfte vielfach von Amerikanern ausgenutzt.

Es würde zu weit führen, die einzelnen Unternehmungen aufzuführen. Eine fast vollständige Aufzählung gibt Grigg in seinem Bericht „The trade of the Dom. of Canada". Diese kurzen Anführungen mögen aber hinreichen, um ein Bild davon zu geben, wie zielbewusst die Amerikaner an die Eroberung des Marktes gehen. Die angelegten Kapitalien bewirken, dass rückwirkend die Auslandsaufträge der amerikanischen Industrie zufallen. Amerikanisches Kapital schliesst die Hilfsquellen des Landes auf und alles, was hierzu nötig ist, wird aus Amerika bezogen.

Dieser mächtigen Phalanx amerikanischen Kapitals in Kanada kann Deutschland so gut wie gar nichts entgegenstellen. Zweigfabriken deutscher Firmen fehlen vollständig. Beträchtliches deutsches Kapital ist zwar in Eisenbahnwerten angelegt, aber irgend einen greifbaren, dauernden Nutzen hat hiervon die deutsche Industrie noch nicht gehabt. Sieht man also von diesen Werten ab, ebenso von dem in Staatsanleihen angelegten Kapital, so ist das gesamte deutsche in Industrie und Handel steckende Kapital mit 10 000 000 Dollars eher zu hoch als zu niedrig gerechnet. Es kommen nur einige Ländereien, Waldungen und Minen in Betracht. Irgendwelchen nennenswerten Vorteil durch das in Kanada angelegte deutsche Kapital können also die deutschen Industriellen nicht erwarten.

Der deutschen Industrie ist es nicht vergönnt, auf dem kanadischen Markt in grosszügiger Weise zu erscheinen, sie muss in emsiger Kleinarbeit Schritt für Schritt sich ihren Platz gegen Gegner erkämpfen, die sich in einer weit glücklicheren Lage befinden.

II. TEIL.

Die Eisen- und Stahlindustrie.

Der erste Teil der Schrift sollte zeigen, dass Kanada im allgemeinen günstige Vorbedingungen für eine grössere wirtschaftliche Betätigung Deutschlands bietet. Wie diese Bedingungen nun auf einem speziellen Gebiet sind und welche Aussichten hier vorliegen, soll im zweiten Teil dargestellt werden.

§ 10.

Die kanadische Industrie im allgemeinen.

Die natürlichen Vorbedingungen für die Entstehung der Eisenindustrie sind an mehrfachen Stellen des Landes gegeben, wie in § 3 geschildert ist

Man kann im allgemeinen nicht sagen, dass sich bereits verschiedene Städte als die Hauptsitze eines bestimmten Industriezweiges entwickelt haben. Dazu ist die ganze Industrie noch zu jung, und es finden sich für ihre einzelnen Zweige immer nur wenige Fabriken von grösserem Massstabe. Andererseits lässt sich aber nicht leugnen, dass sich verschiedene Plätze bereits zu reinen Industriestädten entwickelt haben, so namentlich Montreal, Toronto und Hamilton.

Es ist unleugbar, dass die kanadische Eisenindustrie grosse Anstrengungen macht, um mehr und mehr den Eisenbedarf des Landes selbst decken zu können. Als hauptsächlichste Produzenten kommen hier folgende vier in Betracht:

1. Die Dominion Iron and Steel Co. in Sidney, N. S.
2. Die Algoma Steel Co. in Sault St. Marie, Ont.
3. Die Hamilton Steel and Iron Co. in Hamilton, Ont.
4. Die Nova Scotia Steel and Coal Co. in Sidney Mines, N. S.

Ausserdem bestehen noch eine Reihe kleinerer Unternehmungen, die aber fast nur lokale Bedeutung haben. Die gesamte heimische Produktion in Eisen und Stahl betrug in Tonnen:

Tabelle 26.

Jahre	Roheisen		Stahl		Fabrikate		Zusammen
	Tonnen	pCt.	Tonnen	pCt.	Tonnen	pCt.	Tonnen
1905	386,719	53,0	300,421	42,0	40,213	5,0	727,353
1906	581,858	47,5	569,237	46,5	72,875	6,0	1,223,970
1908	686,780	48,8	661,940	47,1	57,856	4,1	1,406,576
1909	609,431	49,33	570,588	46,18	55,515	4,49	1,235,534
1910	740,244	47,44	740,390	47,46	89,802	5,1	1,570,436

Von diesen oben genannten Gesellschaften gehört die Hamilton Steel and Iron Co. zum Konzern der Steel Co. of Canada, und die Algoma Steel Co. ist eine Tochtergesellschaft der Lake Superior Corporation, einer amerikanischen Gründung.

Insbesondere die letztere Gesellschaft hat durch ihre zentrale Lage und die günstigen Verbindungen zu Wasser und zu Lande einen grossen Aufschwung genommen. Die Anlagen bedecken ein Gelände von etwa 200 Morgen und stehen technisch völlig auf der Höhe. Bis Mitte April 1911 hatte die Gesellschaft zwei Hochöfen mit einer täglichen Leistung von je 300 Tonnen in Betrieb. Seitdem ist ein dritter Hochofen mit einer jährlichen Leistungsfähigkeit von 135 000 Tonnen angeblasen. Zur Fabrikation von Bessemerstahl sind noch vier Oefen mit einer täglichen Leistung von 200 Tonnen im Betriebe. Die Produktion betrug in Tonnen:

	1908	1909	1910
Roheisen	135,852	130,268	153,528
Stahlschienen	143,018	158,465	201,615

Während bis Anfang 1911 die Gesellschaft noch gezwungen war, Hämatiterze aus den amerikanischen Gruben bei Duluth zu beziehen, hat sich herausgestellt, dass auf ihrem eigenen Grubenbesitz, der Grube Helen bei Michipicoten selbst Hämatiterze vorhanden sind. Dadurch tritt eine erhebliche Herabsetzung der Herstellungskosten ein. Eine weitere Herabsetzung um 500,000 Dollar wird durch die Herstellung einer eigenen Koksanlage erwartet. Bisher war die Gesellschaft zum Bezuge von amerikanischem Koks gezwungen, es sind aber mit einem Kostenaufwand von etwa 2 Millionen Dollar von einer deutschen Firma 120 Koksöfen gebaut worden. Die Anlage ist von der Firma in der gleichen Weise hergestellt wie die von ihr auf dem modernsten amerikanischen Stahlwerk in Gary errichtete.

Die Algoma Stahlwerke gehören zum Konzern der Lake Superior Corporation, deren Grundkapital 40 Millionen Dollar beträgt und die, wenn man von den Eisenbahnen absieht, das grösste Unternehmen in Kanada sein dürfte.

Zu ihrem Konzern gehören 13 Tochtergesellschaften, nämlich:

1. Algoma Central & Hudson Bay Ry. Co.
2. Manitoulin & North Shore Ry. Co.
3. Algoma Commercial Co.
4. Algoma Iron Works.
5. British American Express Co.
6. Algoma Steel Co.
7. Lake Superior Power Co.
8. International Transit Co.
9. Trans-St. Mary's Traction Co.
10. Tagona Water & Light Co.
11. Sault St. Marie Pulp & Paper Co.
12. Michigan Lake Superior Power Comp.
13. Lake Superior Iron and Steel Co.

Diese Unternehmungen arbeiten sich gegenseitig Hand in Hand und tragen so zur Verminderung der Einzelkosten und zur Erhöhung des Gesamtverdienstes bei. So läuft die Algoma Central Ry. nordwärts zur Hauptlinie der C. P. R. und hat einen Seitenstrang nach Michipicoten. Die Gesamtlänge, die zunächst projektiert ist, sind 225 Meilen. Für den Bau dieser Bahn sind der Gesellschaft nicht nur bare Gelder von der Dominionsregierung — 1280 Lstr. für die Meile — gegeben worden, es ist ihr auch längs der Bahn, etwa 10 Meilen nach jeder Seite hin, Land in einer Grösse von 1,665,000 Ackern geschenkt. Der grösste Teil dieses Landes ist mit Wald bestanden, dessen Abholzung von der Algoma Commercial Co. in gründlichster Weise besorgt wird. Ein Teil des Holzes wird als Bauholz verkauft, der weitaus grösste Teil aber wandert in die Papiermühle der Gesellschaft, die St. St. M. Paper & Pulp Co. Die zum Betriebe erforderliche Kraft wird von der Lake Superior Power Co. unter Ausnutzung der Stromschnelle des St. Maryflusses geliefert. Letztere entwickelt zurzeit eine Stärke von 14,400 Pferdekräften. Die Gesellschaft verarbeitete aus ihrem eigenen Holze im Jahre 1910 über 29,000 Tonnen Masse.

Die andere von der Gesellschaft gebaute Bahn hat zwar nur eine Länge von 13 Meilen, sie führt aber durch eine an Nickelerzen ausserordentlich reiche Gegend, in der jetzt schon 80% des gesamten Nickelbedarfs der Welt produziert werden. Auch hier sind der Gesellschaft umfangreiche Ländereien in dem so wertvollen Distrikt geschenkt worden, 7,400 Acker per Meile.

Ein ähnlich umfangreiches Unternehmen verspricht die Dominion Steel & Coal Corporation zu werden, in der die Dominion Coal Co. und die Dominion Iron and Steel Co. aufgehen sollen. Die Gesellschaft ist in Neu Schottland inkorporiert, ihr Grundkapital dürfte etwa 50 000 000 Dollar betragen.

Der dritte umfangreiche Konzern der kanadischen Eisenindustrie ist die Steel Company of Canada mit dem Sitz in Hamilton. Ihr Grundkapital beträgt 25 000 000 Dollar. Sie besteht seit Juni 1910 und kontrolliert folgende Werke:

1. Hamilton Steel and Iron Co.
2. Montreal Rolling Mills Co.
3. Canada Screw Co.
4. Dominion Wire Mfct. Co.
5. Canada Bolt and Nut Co.

Die Hamilton Steel and Iron Co. liegt in Hamilton direkt am Ufer des Ontario Sees. Sie besitzt im ganzen einen Landkomplex von ungefähr 100 Morgen. Das Werk machte bei der Besichtigung keinen sehr günstigen Eindruck. Es scheint wenig Ordnung zu herrschen, auch lässt die Sauberkeit ausserordentlich viel zu wünschen übrig. Eigene Eisenerzgruben besitzt die Firma nicht, ebensowenig hat sie eine eigene Koksanlage. Beides wird im Sommer per Schiff, im Winter per Bahn von Pittsburg gebracht. Wenn sich dadurch auch die Herstellungskosten erhöhen, so erfahren sie auf der anderen Seite dadurch eine Verminderung, dass die Firma als Heizmaterial Erdgas verwendet. Die Gasquelle befindet sich ungefähr 15 Meilen ausserhalb der Stadt und wird in Röhrenleitungen zum Werk gebracht.

In der Nähe dieses Unternehmens liegt die Canada Screw Co., die man wohl als völlig modern eingerichtet bezeichnen kann. Sie hat sehr gute Verbindungen mit allen Eisenbahnen, die die Stadt berühren.

Die Montreal Rolling Mills Co. liegt in Montreal und ist eines der bedeutendsten Unternehmungen, die sich in der dortigen Gegend befinden. Es sind drei geräumige Fabrikanlagen mit vorzüglicher Wasser- und Eisenbahnverbindung. Technisch scheint das Werk auf der Höhe zu stehen. Nur scheint auch hier die Leitung kein grosses Gewicht auf Sauberkeit und

Ordnung zu legen. Ihre Produkte, die in der Hauptsache aus Nägeln und Hufeisen bestehen, bleiben zum grössten Teil im Inlande. Ein geringer Teil wird nach Australien ausgeführt.

Das besteingerichtete Werk des Konzerns dürfte die Canada Bolt and Nut Co. sein, welche erst im Jahre 1910 gegründet worden ist. Sie besitzt vier verschiedene Fabrikanlagen, die sich durchweg in der Provinz Ontario befinden. Die grösste von ihnen liegt in Toronto.

Damit ist die Reihe der vier grossen Konzerne in der kanadischen Eisenindustrie, soweit auch die Eisenerzeugung in Frage kommt, erschöpft. In der qualifizierten Eisenindustrie, dem Maschinenbau, sind derartig grosse Konzerne zurzeit noch nicht bekannt. Im grossen und ganzen ist sie noch wenig entwickelt. Eine Ausnahme macht hier nur die Fabrikation landwirtschaftlicher Maschinen und Geräte. Sie steht nicht nur in Kanada an der Spitze, sondern nimmt auch auf dem Weltmarkt eine erste Stellung ein, ihre Erzeugnisse haben einen vorzüglichen Ruf. Soweit Maschinen in Frage kommen, liefert diese Industrie den Hauptausfuhrartikel; die Ausfuhr überhaupt und nach den einzelnen Ländern zeigt

Tabelle 27.

Länder	1909	1910	1911
England	427,442	392,432	425,396
Vereinigte Staaten	28,404	86,140	156,735
Australien	669,468	1,264,690	1,354,845
Frankreich	761,250	672,401	825,375
Deutschland	413,890	399,600	547,692
Andere Länder	1,306,681	1,504,122	2,593,156
Insgesamt	3,607,135	4,319,385	5,903,199

Die amtliche Industriestatistik ergibt für die Jahre 1901 und 1906 folgende Zahlen, die, wenn auch für heute nicht mehr ganz zutreffend, doch den hohen Stand der Industrie erkennen lassen.

Tabelle 28.

Jahre	Zahl der Unternehmen	Kapital	Arbeiter	Gezahlter Lohn	Produktionswert
1901	114	18,207,342	5788	2,129,241	9,597,389
1906	88	28,448,806	6711	3,076,753	12,835,748
		hiervon 1906 in			
Ontario	56	27,235,191	6155	2,856,005	11,926,233
Quebec	24	1,015,509	453	168,441	695,374

Wie schon aus der Tabelle hervorgeht, ist der Hauptsitz der Industrie die Provinz Ontario und hier ist es dann namentlich Toronto, Hamilton und Smith Falls. Diese Industrie ist eine von den wenigen, in denen rein kanadische Firmen sich in erster Linie befinden, während es sich sonst oft nur um grosse Zweigniederlassungen amerikanischer Firmen handelt. Rein kanadisch sind insbesondere die Werke von Massey-Harris in Toronto und Brantford sowie von Frost & Wood in Smith Falls. In letzter Zeit ist allerdings die Konkurrenz durch Zweigfabriken amerikanischer Firmen sehr verstärkt. So hat sich beispielsweise die in Chicago ansässige International Harvester Co. in Hamilton niedergelassen und dort ein Etablissement errichtet, das technisch nicht nur völlig auf der Höhe steht, sondern geradezu als Vorbild gelten kann. Die Firma ist aus einer Vereinigung der Firmen Deering & Mc. Cormick hervorgegangen und noch heute werden die Spezialitäten der einstigen Firmen streng gesondert gehalten. Augenblicklich werden in diesem Werk etwas über 2000 Arbeiter beschäftigt, die sich fast ganz aus Polen und Armeniern zusammensetzen. Der Arbeitslohn wird nach dem Stück bezahlt und ist so bemessen, dass der Mann täglich 2 bis 3 Dollar verdient. Die Produktion der Firma in Hamilton betrug etwa ¼ Million Stück landwirtschaftlicher Maschinen im Jahre 1910. Speziell die Nachfrage aus Deutschland nach diesen Maschinen ist so stark geworden, dass die Firma vor einiger Zeit am Niederrhein in der Nähe von Neuss einen grösseren Geländekomplex angekauft hat, um dort nur für den deutschen Markt eine Fabrik zu errichten, in der 3000 Arbeiter beschäftigt werden sollen. Ein Besuch der Werke in Hamilton ist ausserordentlich lohnend. Infolge des verhältnismässig billigen Grund und Bodens sind die Fabrikanlagen überall hell und geräumig angelegt. Zwar findet man diesen Umstand bei den meisten grossen kanadischen Firmen wieder. Worin aber diese Firma in Kanada bahnbrechend gewesen ist und auch heute noch fast allein dastehen dürfte, ist der Umstand, dass sie ihre sämtlichen Maschinen mit Staubsaugvorrichtung versehen hat.

An Ausdehnung wird diese Firma aber übertroffen von der in Toronto domizilierenden kanadischen Firma Massey-Harris. Dieselbe beschäftigt allein in Toronto, in der Hauptfabrik, ungefähr 5000 Arbeiter, hat aber daneben noch vier andere Fabriken, teilweise in Kanada selbst, teilweise in den Vereinigten Staaten. Während in Toronto hauptsächlich für den kanadischen und südamerikanischen Markt gearbeitet wird, ist die Zweigfabrik in Brantford mit etwa 1500 Arbeitern speziell für den europäischen Markt eingerichtet. Welche Kaufkraft die kanadische Landwirtschaft hat, kann man daraus ersehen, dass in der Hauptfabrik mit einer durchschnittlichen Tagesleistung von 200 Mähmaschinen der kompliziertesten Art gerechnet wird und das in Verbindung mit den anderen dort hergestellten Fabrikaten etwa 25 Eisenbahnwaggons täglich verladen werden können. Hierbei ist zu berücksichtigen, dass die kanadischen Eisenbahnwaggons eine ganz andere Tragfähigkeit besitzen als die deutschen. Sie haben nicht weniger als 60 000 englische Pfund Tragfähigkeit, kommen aber sehr häufig auf 100 000, während unsere grössten geschlossenen Wagen etwa 34 000 englische Pfund fassen können. Wenn man also mit deutschen Verhältnissen rechnen würde, so würden die Massey-Harris Werke allein täglich einen vollständigen Güterzug von durchschnittlich 60 preussischen Wagen versenden. Auch diese Firma bezahlt fast durchweg Stücklohn, doch ist dieser etwas niedriger als der von der International Harvester Co. of Canada gezahlte. Der Mann kommt hier etwa auf 1½ bis 2 Dollar täglich.

Wenn auch nicht in der Quantität so bedeutend, so stehen in der Qualität auch die anderen in Betracht kommenden Fabriken auf derselben hohen Stufe.

Der zu den landwirtschaftlichen Maschinen zu rechnende Bau von Lokomobilen und Dreschmaschinen ist ebenfalls recht beachtenswert. Es sind hier besonders drei Fabriken, welche den Markt beherrschen. Ihre Sitze sind in Hamilton, London und Waterloo. An ersterem Platze domiziliert die grösste Fabrik in diesen Artikeln, die mit einem Kapital von 7 Millionen Dollar arbeitende Sawyer-Massey Co., eine rein kanadische Gründung.

Es dürfte vielleicht interessant sein zu hören, dass die im Jahre 1835 gegründete Fabrik 1889 durch den damaligen Präsidenten Massey der Massey Mf. Co. in eine Gesellschaft verwandelt wurde, in der das Unternehmen von L. D. Sawyer & Co. aufging. Seit dieser Zeit stammt der jetzige Name der Firma. Der eben erwähnte Massey ist derselbe, der später sein Unternehmen mit dem von Harris vereinigte, woraus dann die Firma Massey Harris wurde. Von dem der Firma gehörigen Komplex von 15 Morgen sind zurzeit 5 Morgen mit Baulichkeiten besetzt. Für die westlichen Provinzen wird ein grosses Lager in Winnipeg unterhalten.

Von den namhaften deutschen Firmen ist in diesen Artikeln fast niemals der Versuch gemacht worden, einen Import herbeizuführen, dagegen haben mehrere amerikanische Firmen hierin gute Erfolge gehabt.

Abgesehen von der Fabrikation landwirtschaftlicher Maschinen und Geräte hat in neuerer Zeit die kanadische Industrie sich auf einem anderen Gebiet überraschend entwickelt. Es ist dies die elektrische Industrie. Streng genommen gehört sie zwar nicht mehr zur Eisenindustrie, es soll deshalb eine genauere Darstellung unterbleiben, sie wird nur erwähnt, weil sie einmal ein Beispiel für die schnelle industrielle Entwicklung im allgemeinen ist, dann aber, weil sie als grosser Verbraucher von Eisen- und Stahlerzeugnissen in Frage kommt. Das in ihr angelegte Kapital zeigt Tabelle 29, wobei leider auch hier nur die Zahlen für 1901 und 1906 zur Verfügung stehen.

Tabelle 29.

Jahre	Zahl der Unterneh.	Kapital	Zahl der Arbeiter	Lohnsummen	Produktionswert
1901	25	5,267,397	1922	846,168	3,032,252
1906	34	14,399,666	4123	1,893,472	8,996,906
davon 1906 in					
Ontario	17	12,022,678	2794	1,358,957	7,201,463
Quebec	14	2,279,988	1293	520,665	1.727,205

Der Hauptsitz befindet sich, wie ersichtlich, in der Provinz Ontario und zwar hauptsächlich in Toronto, Hamilton, Peterborough. Als grössere Fabrikunternehmen kommen hier in Betracht:

1. die Westinghouse Electric Co. in Hamilton,
2. die Canadian General Electric Co. in Toronto und Peterborough,
3. die Northern Electric Co. in Montreal.

Die Fabrikation der elektrischen Industrie erstreckt sich aber hauptsächlich auf den Bau der gewöhnlichen Bedarfsartikel. Alle Sachen, welche eine besonders komplizierte Berechnung erfordern und aussergewöhnliche Typen von Maschinen notwendig machen, werden im Auslande bestellt. So insbesondere die in den letzten Jahren immer mehr in Aufnahme gekommenen Dampfturbinen, welche entweder aus England oder den Vereinigten Staaten eingeführt werden. Die Zahl der Anlagen aber ist noch nicht sehr gross, im ganzen dürften etwa zwölf grössere in Frage kommen. Die deutsche Firma Siemens & Halske hat in Verbindung mit der englischen Fabrik dieses Konzerns in Toronto ein eigenes Bureau errichtet und soll gute Erfolge erzielen, namentlich im Bau grösserer Kraftstationen und Kraftübertragungsmaschinen. Selbst wenn die kanadischen Elektrizitätsfirmen auch die in Betracht kommenden Gegenstände selbst fabrizieren, so sehen sie sich doch genötigt, einen grossen Teil der Zubehörteile aus dem Auslande einzuführen, da, wie bereits erwähnt, die Fabrikation von Teilen als Spezialfabrikation noch nicht sehr ausgebildet ist. Lediglich die Westinghouse Gesellschaft versucht, die Einfuhr dieser Artikel durch Selbstanfertigung zu umgehen.

Damit wäre die Aufstellung derjenigen Zweige der Eisen- und Stahlindustrie erschöpft, welche nicht nur auf dem heimischen Markte eine gewisse Stellung einnehmen, sondern deren Erzeugnisse auch auf dem Weltmarkt in die Erscheinung treten.

Die Regierung tut ausserordentlich viel, um der Industrie zu helfen. Jeder Fabrikant, der ein neues Unternehmen beginnt, kann sicher sein, die Unterstützung der Regierung zu haben. Ganz allgemein liegt zunächst schon ein wertvolles Hilfsmittel in dem hohen Zolltarif, den die kanadische Regierung seit einigen Jahren in Kraft gesetzt hat. Aus politischen Gründen geniesst England einen Vorzugstarif; mit einer Reihe von Ländern, die keine sehr bedeutende Einfuhr haben, sind Handelsverträge abgeschlossen worden. Zwei der Hauptlieferanten, die Vereinigten Staaten und Deutschland, geniessen noch keine besonderen Vergünstigungen in der Zollbehandlung.

Beabsichtigt ein Fabrikant, ein Unternehmen ins Leben zu rufen, das in Kanada bisher nicht hergestellte Waren herstellen soll, so setzt jetzt die spezielle Hilfe der Regierung ein. Der Unternehmer erhält, wenn es sich irgend machen lässt, Land zu besonders günstigen Bedingungen, Steuernachlässe werden ihm bewilligt evtl. auch Kapital gewährt. Das wichtigste aber ist die Erlaubnis zur zollfreien Einfuhr aller der Rohprodukte oder Maschinen, die der Fabrikant im eigenen Betrieb gebraucht. So ist z. B. der Zoll auf Strick- und Webereimaschinen von 25 pCt. auf 10 pCt. herabgesetzt worden. Für jeden weiteren Wunsch, mag er betreffen, was er will, findet der Fabrikant bei der Provinzial- und der Dominionsregierung offenes Ohr und volles Verständnis. Mit allen ihr zu Gebote stehenden Mitteln sucht die Regierung ihrer jungen Industrie zu helfen.

Nun gibt es allerding eine Reihe von Artikeln, die so wie so schon zollfrei eingeführt werden können, wo also Zollfreiheit als besondere Vergünstigung nicht mehr gewährt werden kann. Das ist insbesondere der Fall bei der Eisenindustrie, da Erz stets zollfrei eingeführt werden konnte. Diese Industrie wäre natürlich in einer üblen Lage gewesen, wenn sie ohne jede weitere Unterstützung den Kampf gegen die erstklassigen ausländischen Werke hätte aufnehmen müssen.

Hier hilft die Regierung mit der Gewährung von Prämien für die Produktion von Eisen, Stahl und anderen Fabrikaten. Folgende Erzeugnisse kommen in Betracht:

1. Roheisen, wobei ein Unterschied gemacht wird, ob es aus kanadischen oder fremden Erzen hergestellt ist;
2. Puddelstabeisen;
3. Stahl;
4. Stahldraht;
5. Eisen und Stahl, die auf elektrischem Wege hergestellt werden.

Die Regierung ist hierbei aber von der Erwartung ausgegangen, diese Prämien nur so lange zu zahlen, bis die heimische Industrie genügend erstarkt ist. Von Interesse ist hier eine Erklärung des kanadischen Finanzministers vom 27. April 1910.

„It is expedient to provide, that no bounties shall be payable in respect of rolled round wire rods after june 30, 1911 under the provisions of section 1 (A) of Chapter 24, of the Acts of 1907, an Act to amend the act respecting bounties on iron and steel, except on such rods as may have been otherwise entitled to the payment of bounties under the provisions of said section and which were, on or before June 30, 1911 sold to wire manufactures for use or used in making wire by the makers of such rods in their own factories in Canada".

Aus dem gleichen Grunde sind auch die Prämien von Jahr zu Jahr herabgesetzt worden.

Den genauen Verlauf, wofür die Prämien und in welcher Höhe sie gezahlt sind, zeigt

Tabelle 30.

	1907	1908	1909	1910	1911
Roheisen aus kanad. Erzen .	2,10	2,10	1,70	0,90	
Roheisen aus fremden Erzen	1,10	1,10	0,70	0,40	
Puddelstabeisen	1,65	1,65	1,05	0,60	
Stahl	1,65	1,65	1,05	0,60	
Stahldraht	6,00	6,00	6,00	6,00	
Eisen auf elektr. Wege . .	—	—	2,10	2,10	
Stahl auf elektr. Wege . .	—	—	1,65	1,65	

sämtlich in Dollar pro Tonne.

Hiervon haben alle Gesellschaften Nutzen gezogen, die sich mit der Herstellung genannter Produkte beschäftigen. Wie hoch die Summen sind, welche im Etatsjahr 1909/1910 gezahlt sind, zeigt

Tabelle 31.

Gesellschaften	Roheisen $	Stahl $	Stahldraht $	Insgesamt $
Algoma Steel Co. in Sault St. Marie (Ont.)	136,068.40	182,746.37	—	318,814.77
Dominion Iron and Steel Co. in Sidney (N. S.)	174,442.96	316,248.59	538,812.30	1,029,503.85
Nova Scotia Steel and Coal Co. in Sidney Mines	36,075.60	61,270.19	—	97,345.79
Hamilton Steel and Iron Co. . . .	162,013.64	76,394.71	—	233,408.35
Canada Iron Corporation, Midland .	31,935.79	—	—	31,935.79
Radnor Forges	7,691.71	—	—	7,691.71
Drummondville	520.56	—	—	520.56
Lake Superior Iron and Steel Co. in Sault St. Marie.	—	54,628.56	—	54,628.56
Ontario Iron and Steel Co. in Welland	—	4,463.73	—	4,463.73
Atikoken Iron Co. in Port Arthur . .	15,099.76	—	—	15,099.76
Insgesamt	563,578.42	695,752.15	538,812.30	1,798,412.87

Ein anderes Mittel zur Hebung der eigenen Industrie hat die Regierung in der im Jahre 1904 erlassenen dumping clause in der Hand. Ihr Zweck besteht darin, ein Ueberschwemmen des kanadischen Marktes mit der Ueberproduktion des Auslands zu verhindern. Ist der normale Marktpreis im Herstellungslande höher als der Verkaufspreis in Kanada, so wird der Zoll nach diesem Marktpreis und nicht nach dem Verkaufspreis berechnet, ausserdem aber noch der Unterschied, sofern er 5 pCt. übersteigt, als Zuschlag erhoben. Diese Bestimmung hat vor allem den Rückgang der deutschen Ausfuhr in Schienen und Trägern zur Folge gehabt. Besondere Härten werden durch die Bestimmung gemildert, dass der Zuschlag nicht mehr als 15 pCt. des Wertes betragen und nicht von Waren erhoben werden soll, deren Zoll an sich schon 50 pCt. erreicht. Ausserdem bleiben alle die Waren befreit, die zur Weiterverarbeitung bestimmt sind und im Lande nicht in genügender Menge hergestellt werden.

Durch solche Hilfsmittel ist die Lage der kanadischen Eisenindustrie sehr gestärkt worden, sie ist in einigen Fabrikaten bereits imstande, einen Export zu unterhalten, namentlich in landwirtschaftlichen Maschinen, wie es schon in Tabelle 27 dargestellt ist. Die Gesamteinfuhr von Eisen und Stahl sowie Fabrikaten hieraus zeigt

Tabelle 32.

Arten	1909	1910	1911
Gesamtausfuhr (nur kanad. Erzeugnisse)	6,220,575	6,901,801	8,879,994
Davon Maschinen, ausser landw. Maschinen	727,780	924,510	990,789
Roheisen	40,681	228,183	298,346
Landwirtschaftliche Maschinen	3,607,135	4,319,385	5,903,199

Die Marktlage im einzelnen.

§ 11.

Allgemeine Gesichtspunkte.

In den vorigen Kapiteln habe ich kurz die Schwierigkeiten angedeutet, mit denen der deutsche Handel im allgemeinen und die deutsche Eisenindustrie im besonderen auf dem kanadischen Markt zu kämpfen hat. Die Stellung, die sie heute in Kanada einnimmt, verdankt sie ausschliesslich ihrer eigenen Kleinarbeit, sie befindet sich nicht in der glücklichen Lage ihres amerikanischen Konkurrenten, durch grosse Kapitalmengen unterstützt zu werden.

Die gesamte Einfuhr in Eisen und Stahl veranschaulicht

Tabelle 33.

Länder	1908		1909		1910		1911	
	$	%	$	%	$	%	$	%
Zollpflichtig . . .	50,883,547		32,429,932		48,115,250		69,113,694	
Zollfrei	11,615,609		8,346,604		11,604,489		12,657,784	
Insgesamt	62,499,156		40,776,536		59,719,739		81,771,478	
Davon aus								
Vereinigt. Staaten	45,737,398	73,1	30,936,592	75,1	46,644,599	78,1	64,260,922	78,5
England	14,729,022	23,5	8,403,781	20,6	11,167,943	18,7	14,647,354	17,9
Deutschland . .	1,442,462	2,3	950,158	2,3	1,309,067	2,2	—	—

Die deutsche Einfuhr für 1911 ist nicht aufgeführt, da die Zahlen noch nicht veröffentlicht sind. Ein relatives Fortschreiten Deutschlands ist nicht zu erkennen, hingegen hat sich die Einfuhr der Vereinigten Staaten von 1909 bis 1911 um 3,5 pCt. gehoben, sie nimmt heute mit rund 80 pCt. die erste Stelle ein.

Sicherlich ist der weitaus grösste Anteil an dieser starken amerikanischen Einfuhr auf das Konto der Kapitalinvestierungen zu setzen. Das erklärt aber nicht alles. Denn auch in rein kanadischen Betrieben ist das amerikanische Fabrikat bei weitem vorherrschend, und selten trifft man auf deutsche Maschinen.

Der Grund hierfür dürfte in der grundverschiedenen Bearbeitung des kanadischen Marktes im Gegensatz zu den Deutschen liegen. Der amerikanische Industrielle sucht möglichst direkt mit den Konsumenten in Verkehr zu treten. Er lässt das Land ständig bereisen, den Markt beobachten und errichtet, wenn sich ihm an irgend einem Platze eine günstige Aussicht bietet, dort sofort eine Zweigniederlassung, die fast stets mit einer Ausstellung seiner Fabrikate und einem Lager verbunden zu sein pflegt. Jetzt geschieht die Bearbeitung des Marktes von dieser Agentur aus. Die irgend in Betracht kommenden Werke werden planmässig besucht, Mustermaschinen werden vorgeführt und sonst auch in jeder Hinsicht Entgegenkommen und Eingehen auf die Absichten gezeigt.

Das ist der eine Weg, die direkte eigene Niederlassung. Der andere Weg ist der durch Agenten, sei es durch Spezialvertreter, sei es durch grosse Importhäuser. Spezialvertreter werden hauptsächlich von den Firmen genommen, die für ihre Erzeugnisse bereits einen so vorzüglichen Ruf geniessen, dass sie ein Musterlager nicht mehr zu halten brauchen. Der Vertreter hat jederzeit Gelegenheit, auf Anlagen und Maschinen ähnlicher Art hinzuweisen.

Eine Verbindung zwischen diesen beiden Formen stellen die grossen Importhäuser für Maschinen her. Es kommen hierfür zwei amerikanische und ein englisches Haus in Betracht, die mit grossem Kapital arbeiten und einen vorzüglichen Ruf geniessen. *) Sie haben die Vertretungen vieler Firmen, eine ständige Musterausstellung sowie Lager und lassen das Land bereisen. Infolge ihres Rufes erhalten sie zahlreiche Anfragen nach alle möglichen Sorten Maschinen. Hierfür wird dann wieder Spezialofferte gemacht.

Abgesehen von diesen drei grossen Häusern sind noch eine ganze Reihe kleinerer Firmen und Agenten tätig, die das Geschäft teils durch Reklame, teils durch persönliche Besuche machen.

So hat also der amerikanische Industrielle, wenn er den Weg der eigenen Niederlassung nicht beschreitet, reiche Möglichkeiten, seine Erzeugnisse auf den Markt zu bringen.

Derartige Möglichkeiten bieten sich dem deutschen Industriellen nur sehr wenige. Zunächst ist eine Niederlassung einer deutschen Firma nicht vorhanden. Ebensowenig gibt es in Kanada ein deutsches Importhaus für Maschinen, das über grosses Kapital und guten Ruf verfügt. Das einzige grosse deutsche Haus, das sich in Montreal befindet, befasst sich fast ausschliesslich mit dem Vertrieb von Kleineisenwaren. So ist also der deutsche Fabrikant, wenn er keinen Spezialvertreter hat, auf die Importhäuser und die kleinen Agenten angewiesen.

Da aber ist eine grosse Gefahr vorhanden, die verschiedene Nationalität. Die massgebenden Importhäuser sind, wie schon erwähnt, in amerikanischen bzw. englischen Händen. Dieser Umstand bewirkt, dass bei irgend welchen Anfragen oder Bestellungen zunächst die amerikanische bzw. englische Industrie berücksichtigt wird. Erst wenn diese versagen, wird wegen des Auftrages in Deutschland angefragt. Namhafte kanadische Industrielle sind sich darüber einig, dass die deutschen Fabriken kaum einen grösseren Fehler begehen können, als diesen Firmen ihre Vertretung zu übertragen. In den letzten

*) Es sind dies: Williams Co. in Toronto.
J. D. Petri in Toronto.
Mussens Ltd. in Montreal.

Jahren hat sich nun eine Anzahl jüngerer deutscher Kaufleute und Ingenieure in den hauptsächlichsten Plätzen Kanadas niedergelassen, die sich mit grossem Eifer für den Vertrieb deutscher Industrieerzeugnisse interessiert. Fast einstimmig aber wurde über mangelnde Unterstützung seitens der deutschen Firmen geklagt. Meistenteils verfügen sie nicht über ein so grosses Kapital, um sich ein sofortiges Lager gegen Barzahlung halten zu können. Auf kommissionsweise Ueberlassung sollen sich aber nach ihren Angaben die deutschen Fabrikanten gar nicht oder nur sehr schwer einlassen. In dieser Hinsicht kommen ihnen die amerikanischen Fabrikanten viel mehr entgegen. Sobald sie bei dem Anfänger wirklich Lust und Liebe sehen, unterstützen sie ihn in jeder Hinsicht, stellen ihn nicht nur gratis ein Musterlager zur Verfügung, sondern geben ihnen oft noch Geldmittel zum Betriebe, auf jeden Fall aber sind sie in solchen Fällen mit dem Kreditgeben nicht kleinlich. — Mehrfach sind mir jüngere Deutsche bekannt geworden, welche mit grossen Idealen für die Einführung deutscher Maschinen hinübergegangen sind, dann aber durch die mangelnde Unterstützung deutscher Fabrikanten enttäuscht, ins amerikanische Fahrwasser geraten sind. Voll Bitterkeit erzählte mir einmal ein jüngerer Deutscher, der etwa 5 Jahre im Lande war, dass ihm trotz vorzüglicher Auskünfte über seine Person eine deutsche Hebezeugfirma ein Kommissionslager über 1500 M. nicht habe geben wollen. Vielleicht mag hier ein besonders krasser Fall vorliegen, aber durchweg wurde über die mangelnde Unterstützung der deutschen Fabrikanten Klage geführt.

Das sind einzelne allgemeine Gesichtspunkte, welche die deutsche Industrie berücksichtigen sollte. Im folgenden soll nun bei einer Reihe von Artikeln ausgeführt werden, wie hierin die Marktlage in Kanada ist und auf welche Weise die deutsche Einfuhr hier gehoben werden könnte. Es ist natürlich unmöglich, jeden einzelnen Zweig der Eisen-, insbesondere der Maschinenindustrie zu behandeln. Vor allen Dingen sollen die Waren berücksichtigt werden, in denen heute bereits eine grössere Ausfuhr nach Kanada stattfindet, ferner die, für welche in Kanada ein guter Markt vorhanden ist, eine nennenswerte deutsche Einfuhr aber nicht stattfindet obwohl derartige Artikel in grossem Massstabe nach anderen Ländern ausgeführt werden. Die Vereinigten Staaten als Hauptlieferant werden in den einzelnen Zweigen mit berücksichtigt werden.

1. Halbfabrikate.

In diesen Artikeln ist in Kanada ein grosser Markt vorhanden, die deutsche Einfuhr hierin ist aber nur gering. Im Jahre 1910 betrug sie 66 242 Dollar, um im Jahre 1911 auf 62 886 Dollar zurückzugehen. Der Hauptanteil fällt hier den Vereinigten Staaten zu, und eine Aenderung ist kaum zu erwarten. Dazu ist die Produktion derartiger Waren zu gross und zu billig in den Staaten, als dass die europäischen Länder infolge der Frachtspesen in einen erfolgreichen Wettbewerb treten könnten. Hemmend wirkt hier auch die dumping clause.

2. Fertigfabrikate, insbesondere Maschinen.

§ 12.

Eisenbahnmaterial.

Die nachstehende Tabelle zeigt, in welcher Weise sich die Einfuhr von Eisenbahnmaterial in den letzten vier Jahren gestaltet hat. Sie bringt deutlich die grosse Ueberlegenheit der amerikanischen Industrie von Radkränzen abgesehen, vor Augen.

Tabelle 34

Länder	1908 $	1909 $	1910 $	1911 $
Lokomotiven				
Vereinigte Staaten	1,250,183	402,231	352,542	295,195
England	—	5,847	32,548	2,317
Schienen				
England	87,296	315,596	291,586	72,216
Vereinigte Staaten	1,184,437	475,837	1,103,655	821,123
Deutschland	6,351	6,046	2,817	
Gesamteinfuhr	1,278,084	797,479	1,398,373	896,241
Radkränze				
Gesamteinfuhr	341,727	274,722	337,093	451,253
Davon aus:				
Vereinigte Staaten	72,501 (21,2%)	34,162	58,930	62,680 (13,9%)
England	20,730	20,370	6,818	40,024
Deutschland	248,496 (72,7%)	199,360	270,896	347,665 (77%)
Eisenbahnwagen				
Personen	241,685	227,246	121,076	
Fracht	215,071	230,918	123,645	
Sämtlich aus den Vereinigten Staaten.				
Teile von Wagen				
Insgesamt	408,543	170,988	294,835	349,875
Davon aus:				
Vereinigte Staaten	315,139	122,302	265,821	288,373
England		11,954	11,282	4,464
Deutschland		36,732	17,732	50,443

Diese Zahlen können aber leicht ein falsches Bild geben von den wahren Gründen der amerikanischen überlegenen Stellung. Denn diese beruht weniger auf technischen Gesichtspunkten als auf kommerziellen. Man muss sich nur vor Augen halten, in welch engem Zusammenhang die kanadischen Eisenbahngesellschaften mit den amerikanischen Eisenbahnen und damit auch indirekt mit der amerikanischen Industrie stehen. Es findet ein fortgesetzter Wechsel der oberen und unteren Angestellten statt. Die Eisenbahnsysteme beider Länder greifen ineinander über, amerikanische Gesellschaften bauen Bahnen in Kanada, kanadische Gesellschaften bauen oder pachten Bahnen in den Staaten. Auf diese

Weise entstehen zwischen den einzelnen Bahngesellschaften ganz andere Berührungspunkte und zum Teil auch Interessengemeinschaften. Das kanadische Bahnsystem als das weniger entwickelte muss sich daher naturgemäss den Anschauungen anpassen, die für die amerikanischen Bahnen sich herausgebildet haben. Deshalb ist es erklärlich, dass die amerikanische Industrie infolge ihrer Kenntnis der herrschenden Anschauungen bevorzugt wird. Auch darf nicht vergessen werden, dass sie für viele Produkte ein wichtiger Kunde der kanadischen Bahnen ist, den man sich möglichst erhalten will.

Bei den einzelnen Gattungen zeigt sich nun folgendes:

a) Lokomotiven:

Der Bedarf hierin ist ein ziemlich umfangreicher, da sich das kanadische Eisenbahnwesen mit grosser Schnelligkeit entwickelt. Die für den Bedarf der Eisenbahnen in Betracht kommenden Lokomotiven werden etwa zur Hälfte im Inlande hergestellt, zur anderen Hälfte aus dem Auslande eingeführt. Die Inlandsfabrikation hat einen grossen Aufschwung genommen und zum Teil sind es die Eisenbahnen selbst, welche in eigenen Fabriken einen Teil ihres Bedarfs herstellen. An ihrer Spitze steht die kanadische Pacificbahn. Sie stellt in ihren Anguswerken in Montreal jährlich etwa 60 Lokomotiven fünf verschiedener Typen her. Umfangreiche Reparaturen werden gleichfalls in diesen Werken ausgeführt, für kleinere kommen die Zweigfabriken in Betracht, welche an mehreren Plätzen des Landes bestehen.

Ebenso baut die nächstgrösste Eisenbahn in Kanada, die Grand Trunk, einen Teil ihrer kleineren Lokomotiven in ihren Werken in Montreal selbst. Man kann dort mit einer Herstellung von 15 Stück im Jahre rechnen.

Von diesen zweien abgesehen kommen in Kanada noch drei Fabriken in Betracht, die sich mit dem Bau von Lokomotiven befassen. Es sind das:

1. die Montreal Lokomotive Works in Montreal,
2. die Canadian Lokomotive Works in Kingston,
3. die Canada Car and Foundry Company in Toronto.

Während die erste eine Zweigfabrik der American Lokomotive Works ist, sind die beiden anderen Firmen kanadische Gründungen. Im ganzen dürften diese drei Fabriken etwa 150 Lokomotiven im Jahr herstellen. Der Rest wird fast ausschliesslich von den Vereinigten Staaten importiert, infolge der stärkeren Inlandsfabrikation geht aber diese Einfuhr von Jahr zu Jahr zurück. Für europäische, speziell deutsche Fabriken dürfte es bei diesen Verhältnissen mit den grössten Schwierigkeiten verbunden sein, in Wettbewerb zu treten.

Verschiedentlich ist von englischen Firmen der Versuch gemacht worden, unter Ausnutzung des Vorzugszolles Lokomotiven nach Kanada einzuführen. Noch im Jahre 1910 hat eine der bedeutendsten englischen Lokomotivfabriken einen ihrer Chefingenieure nach Kanada gesandt, um den Markt an Ort und Stelle zu studieren. Dabei hat sie sich von der Aussichtslosigkeit einer Einfuhr überzeugt. Obwohl der Zoll auf amerikanische Lokomotiven 30 pCt. des Wertes beträgt, so stellt sich die Maschine an Ort und Stelle billiger als eine europäische. Die Gründe hierfür sind einmal in der Bauart der Lokomotiven begründet. Die kanadischen Lokomotiven werden streng nach amerikanischem Muster gebaut, wobei nur mit einer durchschnittlichen Lebensdauer von 12 Jahren gerechnet wird, während in Europa das durchschnittliche Lebensalter einer Lokomotive 25 Jahre beträgt. Sie werden zwar mit den letzten Neuerungen ausgestattet, aber man geht dabei immer von dem Prinzip aus, dass auch die neueste Maschine in wenigen Jahren veraltet ist. Deshalb wird zwar immer gutes Material genommen, aber doch nicht so erstklassig, wie es in Europa für die europäischen Bahnen verwendet worden.

Technisch ist dies natürlich für eine erstklassige deutsche Lokomotivfabrik kein Hinderungsgrund, aber es stellt sich der Herstellungspreis trotz geringeren Materials verhältnismässig höher, weil das Rohmaterial für diese Lokomotiven besonders angefertigt werden muss und für andere nicht mehr verwendet werden kann.

Dann aber stehen die Transportkosten einem erfolgreichen Wettbewerb entgegen. Denn selbst wenn die Herstellungskosten infolge der geringeren Arbeitslöhne hinter denen einer amerikanischen Fabrik zurückblieben, so wird dieser Vorteil durch die Beförderungsschwierigkeiten völlig aufgehoben. Die zur Einfuhr bestimmten Lokomotiven müssen erst in der deutschen Fabrik zusammengesetzt und probiert werden. Dann werden die einzelnen Teile auseinander genommen, seemässig verpackt und im Bestimmungsland muss dann die ganze Arbeit des Zusammensetzens und Probierens noch einmal vorgenommen werden. Es treten also zu den Transportkosten noch erhebliche Arbeitslöhne hinzu.

Anders dagegen steht in diesem Falle die amerikanische Fabrik da. Sobald die Maschine in den Werken zusammengesetzt und ausprobiert worden ist, rollt sie direkt auf dem Schienenwege an den Bestimmungsort und kann dort ohne weitere Umstände sofort benutzt werden. Diese Gründe lassen es als ziemlich ausgeschlossen erscheinen, dass in absehbarer Zeit, wenn überhaupt, eine Ausfuhr deutscher Lokomotiven nach Kanada stattfindet. Nur einmal hat vor einigen Jahren eine Einfuhr von einigen 20 Stück Chemnitzer Konstruktion stattgefunden. Obwohl die Maschinen sich noch heute in einem tadellosen Zustand befinden, sind Nachbestellungen nicht mehr erfolgt, da der Preis sich zu hoch stellt.

b) Schienen:

Der Markt in Schienen ist noch immer ausserordentlich umfangreich. Von einer gewissen Stetigkeit kann zwar nicht gesprochen werden, da die Schienenaufträge von der Konjunktur abhängig sind und nur bei wirklich umfangreichen Neubauten das Ausland in Anspruch genommen wird. Denn man muss berücksichtigen, dass die kanadischen Stahlwerke ihre Fabrikation gerade in Stahlschienen beständig vergrössern und seitens der kanadischen Bahnen der heimischen Industrie möglichst viele Aufträge zugewendet werden. So war beispielsweise das Algomastahlwerk fast das ganze Jahr 1910 für die kanadische Pacificbahn mit einer einzigen Schienengattung beschäftigt. Die von der heimischen Industrie hergestellten Schienen gelten als gut und dürften der vom Auslande eingeführten ziemlich ebenbürtig sein. Es ist mit Sicherheit anzunehmen, dass, je grösser die eigene heimische Fabrikation wird, desto geringfügiger die Einfuhr werden dürfte.

Die Schiene selbst scheint ein etwas schwächeres Profil zu haben als die in den Vereinigten Staaten oder in Deutschland neuerdings verwendeten, ihre Länge beträgt 33 Fuss.

Der Artikel selbst spielt für die deutsche Ausfuhr keinen wesentlichen Faktor, die Ausfuhr ist, auch infolge der dumping clause, seit 1906 ständig zurückgegangen. Einen ausserordentlichen Rückgang hat fernerhin die englische Einfuhr in Stahlschienen erlitten. Während sie im Jahre 1906 die amerikanische Einfuhr um rund 125 000 Dollar überstieg, ist sie seit der Zeit beständig zurückgegangen und erreichte im Jahre 1911 den tiefsten Stand, den sie seit 10 Jahren gehabt hat. Den Löwenanteil an der Schieneneinfuhr ist der amerikanischen Industrie zugefallen. Seit 1906 ist ihre Beteiligungsziffer in der kanadischen Einfuhr beständig gestiegen und zwar hauptsächlich auf Kosten Englands. Absolut genommen kann man ein beständiges Wachstum nicht zugeben. Es liegt dies aber daran, dass die Neubauten in den einzelnen Jahren einen ganz verschiedenen Umfang haben. Jedenfalls beträgt die amerikanische Einfuhr heute etwas über 98 pCt. der Gesamteinfuhr, während sie im Jahre 1906 etwa 48 pCt. betrug. Dagegen ist die englische Einfuhr von 60 pCt. im Jahre 1906 auf knapp 1 pCt. im Jahre 1911 gefallen.

Ein Markt in Schienen dürfte für die deutsche Industrie kaum in Frage kommen. Vergegenwärtigt man sich, dass die Produktionskosten von Schienen in Deutschland und den Vereinigten Staaten ungefähr die gleichen sind, so lässt sich hieraus schon der Schluss ziehen, dass eine nennenswerte Einfuhr nicht mehr stattfinden kann, da das deutsche Fabrikat sich infolge der hohen Transportkosten an Ort und Stelle zu teuer stellt. Dazu kommen noch internationale Abmachungen zwischen den hauptsächlichsten Produktionsländern.

c) Radkränze:

Wesentlich besser ist für Deutschland der Markt in Radkränzen, die auch in Kanada nur für Lokomotiven und Personenwagen verwendet werden, aber nicht mehr für Güterwagen.

Die heimische Produktion ist gänzlich unbedeutend. Die grossen Stahlwerke sind auf diesen Artikel nicht eingerichtet, sie sind auch zurzeit noch mit anderen Artikeln, wie zum Beispiel Schienen, vollauf beschäftigt. Die Einfuhr in diesen Artikeln, die zollfrei stattfindet, ist von Jahr zu Jahr gestiegen und man kann sagen, dass diese Steigerung im wesentlichen der deutschen Industrie zugute gekommen ist. Die absolute Einfuhrziffer wie der relative Anteil Deutschlands haben sich von Jahr zu Jahr gehoben. An der Einfuhr ist hauptsächlich Bochum und Gelsenkirchen beteiligt. Die an zweiter Stelle stehende amerikanische Einfuhr beträgt etwa 5½ mal weniger und ist relativ von 21,29 pCt. im Jahre 1908 auf 13,9 pCt. im Jahre 1911 gesunken, der Rest der Einfuhr stammt aus England, kommt aber kaum in Betracht. Es ist anzunehmen, dass Deutschland in diesen Artikeln weiter die Führung behalten wird. Die drei grossen Eisenbahngesellschaften, die hierfür doch eigentlich nur in Frage kommen, ziehen das deutsche Fabrikat dem amerikanischen und englischen vor und erteilen dementsprechend ihre Anweisungen an die Waggonfabriken.

d) Eisenbahnwagen:

Die Einfuhr von Eisenbahnwaggons liegt ausschliesslich in den Händen der Vereinigten Staaten. Die Gesamteinfuhrziffern und die Ziffern der amerikanischen Einfuhr stimmen völlig überein. Es ist aber zu berücksichtigen, dass die Einfuhr in Eisenbahnwaggons nicht mit der Entwicklung des Eisenbahnwesens Schritt gehalten hat, sondern im Gegenteil, absolut und relativ ständig zurückgeht. In Personenwagen betrug sie im Jahre 1910 nur noch die Hälfte der Einfuhr von 1909, ebenso hat sich in Frachtwagen die Einfuhr, die von 1906 bis 1909 ungefähr konstant blieb, auf die Hälfte vermindert.

Der Grund für diese Erscheinung liegt vor allen Dingen in dem Erstarken der kanadischen Industrie, die zwei bedeutende Waggonfabriken aufweist. Da ist zunächst die Fabrik der kanadischen Pacificbahn in Montreal. Sie ist in der Lage, in ihren eigenen Werken mit einer Arbeiterzahl von 5000 Mann jährlich 200 Personenwagen und täglich 30 Frachtwagen herzustellen. Dabei zeigen beide Gattungen von Wagen ganz andere Masse, wie die in Europa üblichen. Die Güterwagen haben die doppelte Tragfähigkeit und sind mit Drehgestellen zu je zwei Achsen versehen. Die Personenwagen der kanadischen Pacificbahn sind aus dem teuern Mahagoniholz gebaut, ihre Kosten belaufen sich teilweise auf 19 000 Dollar das Stück. Die neuen Wagen erster Klasse sind, um das Stossen zu vermeiden, mit zwei dreiachsigen Drehgestellen ausgestattet. Gleichwohl reicht diese recht erhebliche Bautätigkeit nicht aus, um den eigenen Bedarf der Bahn zu decken, sie ist noch genötigt, von anderen Werken zu kaufen. Es kommt hierfür die Canadian Car and Foundry Company, Limited, in Betracht. Es ist dies eine, mit einem Grundkapital von 12½ Million Dollar arbeitende Gesellschaft, die erst im Jahre 1909 gegründet worden ist, um die drei bedeutendsten Waggonfabriken Kanadas in sich zu verschmelzen. Zu ihr gehören die Dominion Car & Foundry mit einer Produktionsfähigkeit von täglich 30 stählernen Frachtwaggons, Canada Car Works mit einer Produktionsfähigkeit von täglich 25 Frachtwaggons, Rhodes Curry Works mit einer jährlichen Produktionsfähigkeit von 60 Passagierwaggons und täglich 20 Frachtwaggons. Wie die Gesellschaft in ihrem letzten Bericht hervorhebt, soll die Produktionsfähigkeit für die nächsten Jahre den regulären Bedarf der Eisenbahnen decken können. Doch ist bereits vorgesehen, die Produktionsfähigkeit zu steigern, wenn der Bedarf mit Aussicht auf längeres Anhalten sich wesentlich steigern sollte.

Die Einfuhr von Eisenbahnwagen dürfte für die deutsche Industrie kaum in Frage kommen. Es ist auch meines Wissens nie ein ernstlicher Versuch gemacht worden. Die Gründe hierfür sind im allgemeinen dieselben wie bei den Lokomotiven. Die hohen Transportkosten machen das deutsche Fabrikat nicht mehr konkurrenzfähig.

e) Teile von Wagen:

Für die im Inlande gebauten Wagen findet aber, soweit einzelne Teile in Betracht kommen, eine starke zollpflichtige Einfuhr nicht nur aus den Vereinigten Staaten, sondern auch aus Europa statt, hier vornehmlich aus Deutschland. Für Deutschland kommt hier wesentlich die Einfuhr von Rädern ünd Achsen in Betracht, die namentlich aus Essen bezogen werden. Seit Wegfall des Zuschlages hat sich die deutsche Einfuhr in überraschender Weise um rund 300 pCt. gesteigert. Fast der gesamte Mehrbedarf der kanadischen Industrie ist auf dies Konto zu setzen. Voraussichtlich dürfte die Einfuhr in diesen Artikeln noch weiter steigen, da speziell die Kruppschen Achsen einen ausgezeichneten Ruf geniessen.

§ 13.

Röhren.

Den Verlauf der Einfuhr aus den drei Haupteinfuhrländern in den Jahren 1908—1911 zeigt

Tabelle 35.

Länder	1908		1909		1910		1911	
	zollpfl.	zollfrei	zollpfl.	zollfrei	zollpfl.	zollfrei	zollpfl.	zollfrei
Verein. Staat.	771,286	592,431	603,891	340,630	1 112 440	491,886	783,529	520,719
England . .	181,833	206,364	47,490	115,788	115,350	148,046	400,676	154,969
Deutschland .	—	55,024	3,044	72,870	12,941	95,620	39,000	123,000

Deutschlands Anteil an der zollpflichtigen, wie zollfreien Einfuhr ist zusehends im Steigen begriffen. Die Zahlen für das Jahr 1911 sind allerdings etwas willkürlich. Sie sind entstanden aus der Berechnung des deutschen Anteils in den Jahren 1909 und 1910 an dem Rest, der nach Abzug der englischen und amerikanischen Einfuhr übrig blieb. Es ergeben sich 100 pCt. bzw. 75 pCt. bei zollpflichtigen Waren und 92 pCt. bzw. 95 pCt. bei zollfreien. Somit ist an der Einfuhr von 1911 ein Anteil Deutschlands von 85 pCt. bzw. 95 pCt. angenommen worden. Da der Rest 46 303 Dollar bzw. 129 621 Dollar betrug, ergeben sich etwa obige Werte.

Eine namhafte einheimische Röhrenindustrie besteht nicht, die Konsumenten sind fast ganz auf die Einfuhr angewiesen.

Den hauptsächlichsten Anteil an der Einfuhr haben hier die Vereinigten Staaten. Es liegt dies im wesentlichen an dem engen Zusammenhang zwischen dem kanadischen und amerikanischen Markt. Infolgedessen werden in Kanada nur Röhren verlangt, welche genau die amerikanischen gangbaren Masse und Gewichte haben. Die englische Einfuhr kommt nur in den kleineren Dimensionen in Betracht, die deutsche Einfuhr konzentriert sich hauptsächlich auf Röhren für Heizungszwecke. Hier sind es namentlich die nahtlos gezogenen Mannesmannröhren, welche in Kanada in steigendem Masse begehrt werden. Sie finden im wesentlichen Verwendung bei Dampfkesseln und Lokomotiven. In derartigen Röhren dürfte sich der deutschen Industrie noch ein reiches Feld bieten, nur müsste die Bearbeitung des Marktes etwas energischer in die Hand genommen werden.

Ob die deutsche Einfuhr auch in anderen Gebieten des Röhrenmarktes gesteigert werden kann, ist eine Frage, die sehr schwer zu beantworten ist. Zurzeit kommen als Interessenten für Röhren grösserer Dimensionen hauptsächlich die Gemeinden in Betracht. In diesen ist aber der englische bzw. amerikanische Einfluss so überwiegend, dass sich die deutschen Fabrikanten kaum grössere Aufträge holen dürften. Der deutsche Einfluss und das deutsche Kapital ist zu gering, als dass irgend welche politischen Beweggründe für die Heranziehung deutscher Firmen in Betracht kommen können.

§ 14.

Kleineisenindustrie.

a) Schneidewaren.

Die Fabrikation von Schneidewaren ist noch ziemlich geringfügig. Für das Jahr 1906 zählt die amtliche Statistik drei Fabriken mit 96 Arbeitern und einem Produktionswert von 146 200 Dollar auf. In den letzten Jahren haben sich aber in Ontario einige Fabrikanten niedergelassen, um an Ort und Stelle eine Messerfabrikation ins Leben zu rufen. Die Versuche mit der Herstellung von Tafelmessern, deren Klinge aus Stahl besteht, haben noch keine guten Erfolge gebracht, die Erzeugnisse geniessen deshalb in Kanada keinen guten Ruf. Anders dagegen liegt es bei den versilberten Messern, deren Klinge aus einer Komposition besteht. Sie bürgern sich im gewöhnlichen Leben mehr und mehr ein, sind billig und werden in guter Qualität hergestellt.

Dasselbe ist der Fall bei Nickellöffeln, hier zeigt sich das einheimische Fabrikat von ausserordentlicher Güte. Die Zusammensetzung gilt in Handelskreisen sogar für besser, als das europäische Fabrikat, sie halten sich länger und sind gleichwohl billiger. Infolgedessen hat die Einfuhr in diesen beiden Artikeln so gut wie aufgehört, selbst England hat vor dem kanadischen Fabrikat in Nickellöffeln die Waffen strecken müssen.

Sonst aber ist, wie aus der nachfolgenden Tabelle 36 hervorgeht, seit 1909 ein ständiges Anwachsen der Einfuhr in Schneidewaren zu konstatieren.

Tabelle 36.

Länder	1908	1909	pCt.	1910	pCt.	1911	pCt.
Gesamteinfuhr . .	949,467	630,226		783,925		1,041,152	
Davon aus							
England . . .	543,803	345,693	54,85	438,056	55,87	591,170	56,78
Verein. Staaten .	131,460	120,077	19,05	151,831	19,36	185,378	17,80
Deutschland . .	258,725	156,184	24,78	186,156	23,74	250,021	24,01

Hier steht England an der Spitze, namentlich soweit stählerne Messer und Gabel in Frage kommen, seine Einfuhr steigt absolut wie relativ.

An zweiter Stelle steht Deutschland, welches ungefähr den vierten Teil der Gesamteinfuhr für sich in Anspruch nimmt. Bisher konnte man aber von einem Vorwärtsschreiten kaum sprechen, sein relativer Anteil ist seit 1909 etwa der gleiche geblieben. Selbst der Wegfall des Zollzuschlages hat bisher nicht vermocht, den relativen Stand des Jahres 1909 ganz zu erreichen. Dagegen hat sich in dem neuen Etatsjahr die deutsche Einfuhr, soweit die Zahlen bisher überhaupt veröffentlicht sind, merklich gehoben. Während nämlich die Gesamteinfuhr im April 1911 gegen den gleichen Monat des Vorjahres sich um 5000 Dollar verminderte, betrug Deutschlands Mehreinfuhr in der entsprechenden Zeit 11 000 Dollar und zwar sowohl auf Kosten Englands wie der Vereinigten Staaten.

Man findet bei Importeuren vielfach die Ansicht vertreten, dass ein Teil der englischen Einfuhr deutsche Waren enthält. Um den höheren Zoll zu sparen, werden die Messer zunächst nach England eingeführt und gelangen von dort als englische Ware nach Kanada. Wie hoch dieser Prozentsatz ist, lässt sich natürlich mit Sicherheit nicht feststellen.

Eine eigentliche Konkurrenz findet zurzeit nur zwischen Deutschland und den Vereinigten Staaten statt. Die Streitobjekte sind hauptsächlich Taschenmesser, Scheren und Rasiermesser. In letzteren geniesst das deutsche Erzeugnis in Kanada einen sehr guten Ruf, die Einfuhr wird aber hier stark durch die Amerikaner bedrängt.

b) Eisen- und Kurzwaren.

Für diesen Artikel ist der kanadische Markt von Jahr zu Jahr aufnahmefähiger geworden, der Bedarf hat sich im Jahre 1911 gegen 1909 beinahe verdoppelt.

Tabelle 37.

Länder	1909		1910		1911	
	$	pCt.	$	pCt.	$	pCt.
Vereinigte Staaten	332,637	90,96	442,359	87,78	600,048	88,11
England	28,171	7,74	54,396	10,79	73,766	10,83
Andere Länder	4,807	1,3	7,200	1,43	7,236	1,06
Insgesamt	365,615		503,955		681,050	

Leider ist Deutschlands Ausfuhr in diesen Artikeln ausserordentlich geringfügig, der Markt wird zu 99 pCt. von amerikanischen und englischen Fabrikanten beherrscht. Englands grosse Anstrengungen um den kanadischen Markt sind erfolgreich, sein Anteil an der Einfuhr vergrössert sich ständig. Diese Erscheinung bleibt auch in dem jetzt laufenden Etatsjahr vorwiegend. Während nämlich die Einfuhr im Monat April 1911 gegen den entsprechenden Monat des Vorjahres aus den Vereinigten Staaten und allen anderen Ländern zurückgegangen ist, hat sich die englische Einfuhr weiter gehoben und zwar um rund 3000 Dollar.

Es ist nicht zweifelhaft, dass auch auf diesem Gebiete bei genügender Rücksicht auf den kanadischen Markt die deutsche Einfuhr erheblich vergrössert werden könnte. Gerade in diesen Artikeln findet ein ausserordentlich starker Verkauf nach Katalogen statt und hier machen die amerikanischen und englischen Drucksachen einen ganz anderen Eindruck als die deutschen. Vor kurzem hat eine amerikanische Firma, die in Montreal eine Zweigniederlassung besitzt, als Ergebnis eines eingehenden Studiums einen Katalog herausgegeben, der annähernd 100 000 Mark gekostet hat. Er enthält weit über 1000 Seiten mit ganz vorzüglichen Abbildungen und eingehender Beschreibung, woraus der Käufer alles Notwendige ersehen kann. Hierauf müsste von den deutschen Fabrikanten mehr Wert gelegt werden.

c) Werkzeuge und Geräte:

Hier liegen die Verhältnisse ähnlich wie bei Eisen- und Kurzwaren. Infolge des engen Zusammenhanges zwischen dem amerikanischen und kanadischen Markt kommt auch hier bei weitem die grösste Einfuhr aus den Vereinigten Staaten, nur steht der deutsche Handel etwas günstiger da.

Tabelle 38.

Länder	1909		1910		1911	
	$	pCt.	$	pCt.	$	pCt.
Vereinigte Staaten	788,398	86,71	782,755	87,58	964,168	86,5
England	81,149	8,92	66,562	7,44	95,906	8,6
Deutschland	36,017	3,96	40,586	4,54	48,423	4,34.
Andere Länder	3,589	0,41	3,790	0,44	6,190	0,56
Zusammen	909,153		893,693		1,114,687	

Ob sich in Zukunft die deutsche Einfuhr günstiger gestalten wird, erscheint etwas zweifelhaft. Die amerikanischen Firmen geniessen in diesen Artikeln einen vorzüglichen Ruf, sie suchen auf jede Weise mehr und mehr den kanadischen Markt zu erobern, sei es durch billigere Preise, sei es durch grössere Anpassung an den kanadischen Geschmack. Hiergegen lässt sich nur schwer ankämpfen, weil es sich um verhältnismässig billige Artikel handelt, in denen auf der einen Seite grosse Preisnachlässe nicht mehr möglich sind, auf der anderen Seite aber bei diesen Preisen eine bessere Qualität kaum noch geliefert werden kann.

Es ist deshalb fraglich, ob sich für die deutschen Fabrikanten die immerhin sehr erheblichen Kosten einer Einführung deutscher Waren lohnen werden.

Dazu kommt eine immer mehr erstarkende heimische Produktion. Die Statistik von 1906 zählte 36 Fabriken mit 1861 Arbeitern und einem Produktionswert von 2 775 851 Dollar. An der Spitze der Fabrikanten dürfte hier die Canada Machinery Corporation in Galt (Ont.) stehen.

§ 15.

Maschinen.

Je mehr die Industrie Kanadas sich entwickelt, um so grösser wird ihr Bedarf an Maschinen aller Art. Denn noch ist sie nicht in der Lage, eine eigene grosse Selbstfabrikation namentlich in Hilfsmaschinen aufzuweisen. Die Einfuhr in Maschinen zeigt:

Tabelle 39.

Länder	1908		1909		1910		1911	
	zollpfl.	zollfrei	zollpfl.	zollfrei	zollpfl.	zollfrei	zollpfl.	zollfrei
Verein. Staaten	11,250,807	1,906,530	8,087,945	909 364	12,144,515	1,155,559	190,12,614	1,674,650
England . . .	1,056,052	224,806	1,132,944	135,023	966,071	121,656	1,715,804	106,381
Deutschland .	170,756	8,068	51,771	49,360	93,066	174,992	231,505	—

Trotz seiner hoch entwickelten Maschinenindustrie ist Deutschland an der Einfuhr nur in ganz bescheidenem Masse beteiligt. Der Grund ist im wesentlichen in dem Mangel eines Lagers zu suchen, in mancher Hinsicht auch in den verschiedenen Masssystemen, welche in Kanada und Deutschland angewendet werden. Da die Berechnungen der deutschen Maschinen nach dem metrischen System erfolgen, haben die Importeure stets Schwierigkeiten mit der Umrechnung. Dieser Punkt kommt bei den amerikanischen Maschinen infolge des gleichen Systems in Fortfall.

Im Verhältnis zu dem Fehlen eines Lagers ist das aber von ganz untergeordneter Bedeutung. Ein Katalogverkauf gestaltet sich viel schwerer, als wenn der Interessent die Maschine an Ort und Stelle sieht und über die Vorzüge sich unterrichten kann. Natürlich lässt sich mit einem guten Katalog viel erreichen, sofern er alles enthält, was für den Käufer von Wichtigkeit ist, um sich ein klares Bild von der ihm nur in der Abbildung und Beschreibung vorgeführten Maschine zu machen. Aber hiergegen verstossen selbst grosse deutsche Fabriken. Oftmals werden Kataloge in deutscher Sprache und mit deutschen Massen herübergeschickt, selbst dann, wenn ausdrücklich um eine englische Beschreibung der Maschine gebeten worden ist.

Derartige Kataloge sind für den Importeur so gut wie wertlos. Er muss sie zunächst übersetzen lassen, was bei dem geringen Prozentsatz technisch vorgebildeter deutscher Kaufleute oft mit Schwierigkeiten verbunden ist. Dann kommt die weitere Arbeit, die im Katalog angegebenen

Masse und Gewichte in die in Kanada gebräuchlichen umzurechnen. Diese beiden Arbeiten kosten Zeit und Geld. Dann wird in der Ausstattung der Kataloge vielfach gefehlt. Oft sind in ihm hunderte von Kabelworten für die verschiedensten komplizierten Aenderungen verzeichnet, leider aber fehlen oft die einfachsten Auseinandersetzungen, wie z. B. über die Umdrehungsgeschwindigkeit.

Es sollte sich aber jede Fabrik darüber klar sein, dass, solange das gegenwärtige System des Katalogverkaufs besteht, nur wirklich erstklassige Kataloge überhaupt etwas nützen können. Der Umstand, dass den Importeuren das Studium eines deutschen Katalogs Mühe und Kosten verursacht, bestimmt sie oft, Maschinen aus Amerika zu beziehen, die sie vielleicht besser und billiger in Deutschland bekommen hätten.

Folgender Vorfall mag das eben Geschriebene beleuchten. Eine westfälische Werkzeugmaschinenfabrik hatte einem Importeur in Toronto ihre Vertretung übertragen und ihm einen deutschen Katalog mit deutschen Massen gesandt, aus dem der Importeur, der die deutsche Sprache nicht beherrschte, nichts entnehmen konnte. Ein Vierteljahr nach Uebernahme der Vertretung erhielt er eine Anfrage auf eine Maschine, die gerade in dieser Ausführung als Spezialität von der deutschen Fabrik gebaut wird. Der Importeur, der den deutschen Katalog längst vergessen hatte, fragte bei allen ihm bekannten amerikanischen Firmen an, alle antworteten ablehnend. Infolgedessen lehnte der Importeur die Lieferung ab. Einen Monat später kam ihm zufällig in der Eisenbahn eine technische Zeitschrift zu Gesicht, in der die deutsche Firma ihre Spezialitäten empfahl. Jetzt erinnerte sich der Importeur dieser von ihm ja auch vertretenen Firma und setzte sich mit ihr in Verbindung. Lediglich durch diesen Zufall kam dann das Geschäft zustande.

Der Mangel eines Lagers macht sich auch noch in anderer Weise fühlbar, in der langen Wartezeit. Selbst wenn dem Interessenten nach dem Katalog der Preis und die Ausführungen der Maschine gefällt, ist er immer gezwungen, eine längere Reihe von Wochen zu warten, bis die Maschine bei ihm eintrifft. Dieser Punkt fällt aber erheblich ins Gewicht. Denn Maschinen, welche im allgemeinen von Fabriken auf Lager gehalten werden, bestellt der Interessent erst, wenn er sie braucht. Dann aber will er nicht mehrere Wochen, vielleicht Monate warten, bis er die Maschine bekommt, sondern er bestellt sie bei dem, der sie am schnellsten liefert. Infolgedessen bevorzugt er die grossen Importhäuser, bei denen die für die gewöhnlichen Zwecke gebrauchten Maschinen wie Drehbänke, Bohrmaschinen usw. auf Lager gehalten werden. Hierunter wird man eine deutsche Maschine gar nicht oder sehr selten finden. Sollte durch irgend einen Zufall die gewünschte Maschine nicht am Lager sein, so kann der Besteller darauf rechnen, dass sie innerhalb kurzer Zeit von dem amerikanischen Fabrikanten zugesandt wird. So verliert er nur wenige Tage und kann bereits zu arbeiten anfangen, wenn der Bestellungsbrief für eine deutsche Maschine noch nicht in Europa angekommen ist.

Mit dem Vorhandensein eines Lagers ist auch die Frage der Reparaturen eng verbunden. Zurzeit mangelt es für deutsche Maschinen an jeder Gelegenheit, sie im Falle eines Defektes in Kanada selbst wieder herzustellen. Da sich die Importeure mit derartigen Arbeiten so gut wie gar nicht befassen, muss der Käufer einer Maschine sie im Falle eines Defektes entweder selbst ausbessern oder an die betreffende Fabrik senden. Bei deutschen Maschinen, wo die Reparatur nicht an Ort und Stelle ausgeführt werden kann, vergehen deshalb Monate, bis die Maschine wieder arbeitsfähig ist. Dagegen unterhalten die amerikanischen grösseren Fabriken in den bedeutenderen kanadischen Plätzen eigene Reparaturanstalten. Ist dies nicht der Fall, so wird sofort ein Monteur an Ort und Stelle gesandt.

Das Vorhandensein eines Lagers ist jedenfalls ausschlaggebend bei Maschinen für gewöhnliche Gebrauchszwecke. Anders verhält es sich bei Maschinen, die von deutschen Fabriken als Spezialität gebaut werden und als solche auch bekannt sind. Da hier nur hochwertige Spezialmaschinen in Frage kommen, nimmt der Interessent die längere Lieferfrist mit in den Kauf. Hier wird es sich auch oft um Aufnahme einer neuen Fabrikation handeln, zu der grosse Vorarbeiten gehören, also dadurch schon eine längere Zeit vergeht.

Obige Ausführungen kommen fast für die gesamte Maschinenindustrie in Frage. Für die einzelnen Zweige ist noch folgendes zu sagen.

a) Wäschereimaschinen.

Das Geschäft in diesem Artikel ist nicht sehr umfangreich. Wirklich bedeutende Wäschereien mit grossen maschinellen Betrieben sind noch wenig in Kanada vorhanden, meistens sind es kleine Betriebe, welche fast ausschliesslich in den Händen von Chinesen sind, die so gut wie gar keine maschinellen Vorrichtungen benutzen, sondern fast alles mit der Hand waschen. Die für die grösseren Betriebe und für den Familienbedarf notwendigen Maschinen werden in Kanada selbst hergestellt. Ausser drei kleineren kanadischen Fabriken sind es namentlich zwei amerikanische Firmen mit dem Sitze in Toronto, welche den amerikanischen Markt beherrschen, die American Laundry Machinery Co. aus Chicago und die Troy Laundry Machinery Co. aus Troy. Die Einfuhr in diesen Artikeln, die in der Hauptsache aus den Vereinigten Staaten kommt, ist nicht sehr bedeutend.

Für deutsche Fabriken dürfte in diesen Artikeln kaum ein genügender Markt vorhanden sein. Die in Kanada selbst hergestellten Maschinen genügen für den heimischen Bedarf vollständig, obwohl sie technisch nicht absolut erstklassig sind. Erschwerend für die Ausfuhr ist auch die verschiedene Art des verwendeten Holzes. Der kanadische Käufer legt Wert darauf, als Holzmaterial, das bei solchen Maschinen ja eine grosse Rolle spielt, Georgia oder Britisch Columbia Fichte zu erhalten. Es ist natürlich möglich, in Deutschland Maschinen aus diesem Material herzustellen, nur dürfte dann das fertige Fabrikat in Kanada als zu teuer nicht mehr konkurrenzfähig sein. Auch England kann trotz seines Vorzugszolls auf dem kanadischen Markt keinen rechten Fuss fassen.

b) Nähmaschinen.

Infolge der Bevölkerungszunahme und des wachsenden Wohlstandes wird die Kaufkraft des Marktes für Nähmaschinen von Jahr zu Jahr grösser, der Bedarf für gewerbliche und hauswirtschaftliche Zwecke steigt zusehends. Bis vor wenigen Jahren war die einheimische Produktion noch unbedeutend, die Statistik für 1906 zählt vier Fabriken mit 189 Arbeitern und einem Produktionswert von 241,550 Dollar. Darin ist aber seitdem eine Aenderung eingetreten. Die amerikanische Singer Co. hat in St. John (Provinz Quebec) eine eigene Fabrik mit einer jährlichen Produktion von etwa 15 000 Stück gebaut. Dadurch ist die Erzeugung im Inlande beträchtlich gestiegen, sie deckt aber nur etwa zur Hälfte den Bedarf, so dass noch immer eine starke Einfuhr nötig ist, die in der Hauptsache aus den Vereinigten Staaten kommt. Nachstehende Tabelle 40 gibt dies genauer an.

Tabelle 40.

Länder	1906		1908		1909		1910	
	Zahl	$	Zahl	$	Zahl	$	Zahl	$
Insgesamt . . .	14,311	286,235	16,065	268,189	11,823	207,295	16,182	319,219
Davon aus Verein. Staaten .	13,627	271,325	15,227	247,314	11,269	197,182	15,277	299,669

An der Einfuhr aus den Staaten ist hauptsächlich die Singer Co. und eine Firma aus Chicago beteiligt.

Aus Deutschland findet nur eine unbeträchtliche Einfuhr statt, die aber sicher gehoben werden kann. Den Preis einer Familiennähmaschine im Kleinhandel muss man zwar, wenn man die sonstigen hohen Preise betrachtet, als niedrig bezeichnen, er beläuft sich im Durchschnitt auf 80 Mark bei Barzahlung. Rechnet man hiervon die Unkosten ab, so bleibt allerdings nur ein geringer Nutzen übrig. Als Konkurrenten im Lande selbst kommt ausser der Singer Co. von kanadischen Firmen nur noch die Williams Co. in Betracht. Die Produktion ihrer Fabrik in Montreal ist aber nicht sehr gross, auch gelten ihre Erzeugnisse nicht für so gut wie die der amerikanischen Konkurrenz.

c) Schreibmaschinen.

Mit der sich entwickelnden Industrie steigt auch der Bedarf an Schreibmaschinen. Als einzige kanadische Fabrik kommt hier die bereits erwähnte Williams Co. in Frage. Ihre Maschine „Empire“ ist zwar billiger als die ausländischen Fabrikate, gilt aber im eigenen Lande nicht für sehr gut. Eigenartig ist, dass von dieser Maschine im letzten Jahre mehr als tausend Stück nach Deutschland ausgeführt worden sind.

Im wesentlichen ist für gute Maschinen der kanadische Markt auf die Einfuhr angewiesen. Diese betrug:

Tabelle 41.

Länder	1906	1908	1909	1910
Gesamteinfuhr	285,006	547,737	448,477	685,759
Davon aus Verein. Staaten	284,520	546,627	448,252	685,455
	Die Ausfuhr betrug:			
	159,933	161,572	210,862	316,814
Davon nach England . .	87,628	108,045	153,894	218,255

Hier ist auch zum Vergleich die Ausfuhr angegeben.

Der Markt wird also völlig von amerikanischen Firmen beherrscht, insbesondere sind die Systeme Remington und Underwood ausserordentlich beliebt. Ihr Verkaufspreis stellt sich nicht höher als diese Maschinen hier in Deutschland verkauft werden. Es bietet sich hier für die deutsche Industrie noch ein gutes Feld, Versuche einer Einfuhr sind noch nicht gemacht worden.

d) Fahrräder.

Auch für Fahrräder gewinnt der kanadische Markt immer grössere Bedeutung, der Bedarf ist zusehends im Steigen begriffen. Die heimische Produktion ist noch nicht sehr belangreich, 1906 wurden 5 Fabriken mit 206 Arbeitern und einem Produktionswert von 335 420 Dollar gezählt. Hiervon sind aber nur zwei Firmen in Toronto bedeutender, die eine Fabrik stellt etwa 500 Stück jährlich her, die andere dagegen mehrere Tausend. Diese Produktion aber kann den heimischen Markt nicht decken, die Einfuhr steigt zusehends, wie Tabelle 42 zeigt.

Tabelle 42.

Länder	1906	1908	1909	1910	1911
Gesamteinfuhr	40,404	48,116	48,642	67,474	147,142
Davon aus:					
England	7,987	13,387	18,424	39,529	101,799
Vereinigte Staaten . . .	32,417	34.628	30,173	27,945	45,242

Hier zeigt sich die interessante Tatsache, dass England den Markt mehr und mehr beherrscht. Während früher der weitaus grösste Teil aus den Vereinigten Staaten bezogen wurde, hat im Jahre 1911 England für über 100 000 Dollar Fahrräder eingeführt, also mehr als ⅔ des Gesamtimports.

Die Besserung der Marktlage hängt mit der Verbesserung der Wege eng zusammen, auf die viel Mühe verwendet wird. Im allgemeinen befinden sich, abgesehen von den Städten und wenigen anderen Ausnahmen, die Ueberlandstrassen noch in einem sehr schlechten Zustande. In Verbindung mit den weiten Entfernungen haben sie vor allen Dingen verhindert, dass das Fahrrad bisher zu einem derartigen Verkehrsmittel geworden ist, wie es heute in Deutschland der Fall ist. Die Aussichten für die deutsche Industrie sind nicht sonderlich günstig. Der Kassenpreis für ein Fahrrad im Verkauf beträgt etwa rund 100 Mark, dabei rechnet der Grossist noch mit einem Nutzen von 5 Dollar pro Stück für sich.

Eine Einfuhr ist also nur bei äusserst niedrigen Preisen möglich. Technisch stehen Deutschland, England und die Staaten auf der gleichen Höhe, die Selbstkosten können in keinem Lande mehr wesentlich herabgesetzt werden. Da der Zoll an sich 30 pCt., für England aber nur 20 pCt. beträgt, so muss naturgemäss dieses Land hiervon profitieren, zumal es sich ganz dem kanadischen Geschmack angepasst hat.

e) Automobile.

Der Markt in Automobilen hat sich in den letzten Jahren ausserordentlich entwickelt, der Bedarf verdoppelt sich von Jahr zu Jahr. Dem Anwachsen des Marktes steht die kanadische Industrie nicht untätig gegenüber. Bei der Gewerbezählung im Jahre 1906 war noch keine Automobilfabrik vorhanden. Heute existiert bereits in Toronto die Canada Cycle and Motor Co. mit einem Grundkapital von 800,000 Dollar, und eine Reihe von anderen Unternehmungen sind im Bau. Die eben erwähnte Firma in Toronto hat die Patente für die Knight-Motoren für Kanada erworben und stellt damit ein den deutschen Mercedeswagen entsprechendes Produkt her. Wie überraschend sich der Markt in Automobilen entwickelt hat, zeigt die Einfuhrstatistik.

Tabelle 43.

Länder	1908		1909		1910		1911	
	Stck.	$	Stck.	$	Stck.	$	Stck.	$
Gesamteinf.	705	990,343	532	589,240	1,457	1,816,164		4,235,196
Davon aus:								
Ver. Staat.	563	714,497	469	480,785	1,345	1,644,431		3,829,435
England .	101	186,224	48	79,954	78	114,871		308,640
Frankreich		85,080		24,802	31	57,597		89,993
Der Prozentsatz der amerikanischen Einfuhr ist:								
		71,13%		81,59%		90,54%		90,41%

Aus der Aufstellung geht die grosse Ueberlegenheit der amerikanischen Firmen hervor, sie beherrschen zu neun Zehntel die Gesamteinfuhr.

Der Grund hierfür liegt im wesentlichen an der Gleichartigkeit des kanadischen und amerikanischen Marktes. Die Wegeverhältnisse sind, wenn auch in Kanada etwas schlechter, so doch ungefähr dieselben, wie in den Vereinigten Staaten, wenn man von den Kunststrassen im Osten absieht. Diesen Verhältnissen hat die amerikanische Industrie Rechnung getragen, die Wagen werden viel stärker gebaut, dann aber auch mit einem stärkeren Motor ausgestattet, als die entsprechenden Typen in Europa. Dabei stellt sich der Wagen nicht teurer.

Hinzu kommen die ausserordentlichen Anstrengungen, welche die amerikanischen Industriellen machen, um den kanadischen Markt in ihren Besitz zu bekommen. Vier grosse amerikanische Fabriken haben in Kanada Zweigniederlassungen errichtet. Eine vollständige Fabrikation findet allerdings dort selten statt, die einzelnen Teile werden in der Hauptfabrik hergestellt und dann in Kanada zusammengesetzt. Da sich die Verzollung der einzelnen Teile oft billiger stellt, als die des zusammengesetzten Wagens, so sind dadurch die Selbstkosten etwas herabgemildert.

Hier bietet sich für die deutsche Automobilindustrie noch ein grosses Feld. Es ist auffällig zu sehen, wie wenig selbst die führenden deutschen Automobilmarken in Kanada bekannt sind.

In Motorbooten ist eine namhafte heimische Produktion nicht vorhanden. Der Markt ist im wesentlichen auf die Einfuhr angewiesen, die ausschliesslich in amerikanischen Händen liegt. Deutschland dürfte bei der sich erst entwickelnden heimischen Industrie dieser Artikel nicht in Frage kommen.

f) Werkzeugmaschinen.

Die Einfuhr deutscher Werkzeugmaschinen ist im Hinblick auf die zunehmende Entwicklung des Landes als eine äusserst geringe zu bezeichnen. Eine genaue Statistik ist nicht vorhanden, da bei der Geringfügigkeit der deutschen Maschineneinfuhr überhaupt eine Unterabteilung für die einzelnen Gattungen seitens der kanadischen Regierung nicht gemacht wird. Wenn man von Maschinen für die Textilindustrie absieht, so trifft man in allen anderen Zweigen der Fabrikation nur äusserst selten Hilfsmaschinen deutschen Ursprungs. Ein sehr wichtiger Faktor hierfür ist, wie bereits oben geschildert, das Fehlen eines Lagers und der damit verbundene Verkauf nach Katalogen. Speziell bei Werkzeugmaschinen aber kommen noch einige andere Gründe hinzu, die für die geringe Einfuhr verantwortlich zu machen sind.

Da ist zunächst der schon oft betonte Zusammenhang zwischen dem kanadischen und amerikanischen Markt. Die Hauptindustrieplätze Kanadas liegen dicht an der amerikanischen Grenze, in wenigen Stunden ist von jeder Stadt ein grösserer industrieller Platz der Vereinigten Staaten zu erreichen. Aus diesem Grunde findet ein ausserordentlich starkes Herüber- und Hinüberwandern der Arbeiterschaft statt. Grösstenteils stammen die gelernten Arbeiter aus den Staaten oder haben bereits längere Jahre in dortigen Fabriken gearbeitet. Sie sind also auf die amerikanische Bauart der Maschinen eingearbeitet. Darauf muss der kanadische Industrielle, der neue Anschaffungen von Maschinen vornimmt, eine ausserordentlich starke Rücksicht nehmen. Da der Arbeiter sehr hoch bezahlt wird und nicht immer sofort für einen abgegangenen Arbeiter Ersatz geschafft werden kann, so sucht er sich möglichst dessen Gewohnheiten anzupassen. Er tut dies schon aus pekuniären Rücksichten, damit der Arbeiter nicht erst Zeit verliert, sich mit Maschinen, deren Konstruktion ihm unbekannt ist, vertraut zu machen. Denn in dieser Zeit kann der Arbeiter nichts leisten, der Fabrikant muss aber, um ihn überhaupt zu halten, den vollen Lohn bezahlen. Deshalb suchen die Industriellen vor allem Maschinen, mit denen der Arbeiter völlig vertraut ist. Das ist aber infolge des steten Wanderns der Arbeiter fast durchweg nur mit amerikanischen Maschinen der Fall. Vielfach sind diese in der Konstruktion anders als die deutschen Maschinen. Mag es auch oft nur ein kleiner Unterschied sein, er reicht gleichwohl schon aus, um den amerikanischen Maschinen den Vorzug zu geben. Dieser Punkt hat mit der technischen Vollendung und Leistungsfähigkeit der Maschine oft nichts zu tun, aber da die Arbeiter meistenteils Schwierigkeiten zu machen pflegen, so wird infolge dieses Umstandes die deutsche Maschine als unbrauchbar erklärt.

Auch ein anderer Punkt ist hier nicht ausser Acht zu lassen. Häufig wird in Kreisen deutscher Lieferanten die Verwunderung ausgedrückt, warum auf Maschinen, die tadellos arbeiten, keine oder ganz geringfügige Nachbestellungen erfolgen. Der Grund liegt daran, dass viele kanadische Fabrikanten bei Mehrbedarf die Maschinen mit mehr oder weniger Abänderungen probieren. Die grösseren Betriebe tun dies selbst, die kleineren finden in den kanadischen Werkzeugmaschinenfabriken bereitwillige Unterstützung. Es soll ganz dahingestellt bleiben, ob dieses System zu verurteilen und ob es überhaupt bei patentierten Maschinen rechtlich zulässig ist. Jedenfalls muss mit dieser Tatsache gerechnet werden. Ueber die rechtliche Seite setzen sich die Fabrikanten durch den Hinweis hinweg, dass die Maschinen nicht zum Verkauf, sondern nur zum eigenen Bedarf bestimmt sind.

Bei dem kleinsten Auftrage auf Werkzeugmaschinen kann aber den deutschen Fabrikanten nur der dringendste Rat gegeben werden, diesen Auftrag so tadellos wie nur irgend möglich auszuführen. Es ist dies um so mehr erforderlich, weil die deutschen Maschinen so wenig bekannt sind und einer mangelhaften Maschine nicht so und so viele andere tadellos arbeitende Maschinen entgegengestellt werden können. Durch ein geringes Versehen wird dann nicht bloss der Firma, sondern der ganzen Industrie ein unersetzbarer Schaden zugefügt. So war 1910 von einem Montrealer Importhaus einer deutschen Firma ein Auftrag auf 10 Leitspindelbänke gegeben worden. Hier war ausdrücklich bemerkt worden, eine absolut einwandfreie Ware zu liefern, da der betreffende Käufer sehr schwierig sei und es grosse Mühe gekostet habe, ihn überhaupt für ein deutsches Erzeugnis zu gewinnen. Nach mehrwöchentlichem Gebrauch stellte sich heraus, dass die Maschinen infolge teilweiser Verwendung von minderwertigem Material nicht zur Zufriedenheit arbeiteten. Die Folge davon war zunächst die, dass der Käufer sie sämtlich zur Verfügung stellte. Weiterhin erklärte das Importhaus, nie wieder etwas von deutschen Fabrikanten zu beziehen. Am gefährlichsten aber und weittragendsten dürfte die moralische Einbusse sein, die die deutsche Werkzeugmaschinenindustrie erlitten hat. Denn sofort machte sich die amerikanische Konkurrenz dieses Vorkommnis zunutze und so verbreitete sich wie ein Lauffeuer die Kunde durch alle Industrieplätze.

Von den zahlreichen Arten der Werkzeugmaschinen dürften für den kanadischen Markt die gewöhnlichen Durchschnittsmaschinen, wie Drehbänke, Bohrmaschinen nicht in Betracht kommen. Der Konsument hält die amerikanischen Maschinen für besser, vor allem für praktischer, eine Ansicht, mit der die deutschen Fabrikanten auch im Inland sehr zu kämpfen haben. Soweit Maschinen zur Eisenbearbeitung überhaupt in Frage kommen, haben nur ganz hochwertige Spezialmaschinen Aussicht auf Absatz.

Günstiger sind die Aussichten auf dem Gebiet der Textilindustrie. Dieser Industriezweig kommt in Kanada mehr und mehr in Aufnahme. Der vorzügliche Ruf, den die deutsche Werkzeugmaschinenindustrie gerade auf diesem Gebiete hat, wird auch in Kanada nicht unbeachtet gelassen. Klöppelmaschinen, Maschinen für Spitzen- und Strumpffabrikation sind in der Hauptsache deutschen Ursprungs, und die Fabrikanten erklären offen, dass sie zurzeit bessere Maschinen nicht erhalten können. In Strickmaschinen erwächst aber in amerikanischen Fabriken eine fühlbare Konkurrenz. Vielfach sind es frühere deutsche Meister, die jetzt in den Staaten solche Maschinen bauen. Die Fabrikate sollen sich teilweise schon praktischer erweisen als die deutschen. Der Bedarf ist, wie schon erwähnt, noch nicht sehr stark, da die Industrie erst im Entstehen begriffen ist. Immerhin sollte diesem Zweige etwas mehr Aufmerksamkeit geschenkt werden, um nicht erst die Amerikaner zu sehr ins Geschäft kommen zu lassen.

Für Webstühle bürgert sich mehr und mehr das amerikanische Fabrikat ein, die deutsche und englische Industrie verliert hier zusehends an Boden. Der Grund scheint hauptsächlich in der Art des verwendeten Holzes zu liegen. Es soll, wie verschiedene Fabrikanten betonten, nicht hart und wetterfest genug sein, wie das bei amerikanischen Stühlen verwendete, um das wechselnde Klima gut auszuhalten. Infolgedessen entstehen oft Defekte, auch ist der Rahmen im Ganzen nicht so wuchtig wie der amerikanische.

In Grubenmaschinen beherrscht die amerikanische Industrie das Feld, der Rest der Einfuhr kommt aus England, wie dies aus der Tabelle 44 hervorgeht.

Tabelle 44.

Länder	1906	1908	1909	1910
Gesamteinfuhr	868,104	1.060,945	520,787	765,564
Davon aus Verein. Staaten	816,629	847,777	414,924	502,009

Der Grund hierfür liegt allerdings weniger auf technischem, als auf nationalem Gebiete. Grubenmaschinen werden im wesentlichen von demjenigen Lande bezogen, dem die Gesellschaft selbst angehört. So findet man fast durchweg bei englischen Minengesellschaften englische Maschinen, bei amerikanischen Unternehmungen solche amerikanischer Bauart. Da bisher das deutsche Kapital nur wenig direkt aktiv in Minenunternehmungen beteiligt hat, so fehlt fast jede Gelegenheit für eine Einfuhr solcher Maschinen aus Deutschland. Das Einzige, was noch viel aus Deutschland bezogen wird, sind Drägersche Rettungsapparate für Unfälle. Allerdings macht sich auch hierin die amerikanische Konkurrenz ausserordentlich fühlbar. Im übrigen darf nicht vergessen werden, dass die gewöhnlichen Maschinen für Bergwerkbetrieb, wie Pumpen, Winden in recht guter Qualität in Kanada selbst hergestellt werden.

Der Handel in Holzbearbeitungsmaschinen befindet sich grösstenteils in amerikanischen Händen. Der Grund hierfür liegt im wesentlichen an der Gleichartigkeit dieser Industrien in beiden Ländern. Die Methoden der Ausrodung und Holzbearbeitung sind in den Vereinigten Staaten und Kanada fast genau die gleichen. Infolgedessen finden die kanadischen Holzindustriellen auf dem amerikanischen Markte alles das, was sie für ihre Zwecke gebrauchen. In diesem Zweige hat sich auch die kanadische Industrie recht entwickelt. Speziell die kleineren Maschinen leichterer Bauart sind ihre Domäne. Hier beherrscht insbesondere die im Jahre 1910 mit einem Grundkapital von 3,000,000 Dollar gegründete Canada Machinery Corporation die heimische Produktion. Sie hat im Juli des Jahres 1910 die fünf massgebenden Fabriken für Holzbearbeitungsmaschinen in sich vereinigt und beabsichtigt zur Verminderung der Produktionskosten die einzelnen Fabrikbetriebe auf Spezialmaschinensorten einzurichten. Die Anfänge sind von ziemlichem Erfolg gekrönt gewesen. Bereits heute liefern sie ein Produkt, das technisch als erstklassig zu bezeichnen ist und dabei zu einem Preise, der einer ausländischen Firma die Konkurrenz ausserordentlich erschwert. Es dürfte nicht viel Aussicht vorhanden sein, dass deutsche Holzbearbeitungsmaschinen in grösserer Zahl eingefürhrt werden. Es ist hierzu von dem grössten deutschen Hause in Kanada, das sich speziell mit Eisenwaren befasst, der Versuch gemacht worden, aber das hineingesteckte Kapital hat sich nicht gelohnt. Die Maschinen erfüllen zwar ihren Zweck in durchaus einwandfreier Weise. Sie haben aber ein dem kanadischen Auge nicht recht zusagendes Aussehen, sollen auch, wie erklärt wird, verhältnismässig zu schwer gebaut sein. Da nun das amerikanische Fabrikat sich eines ausserordentlichen Rufes erfreut, so ist es dem Hause in Montreal, trotz seines guten Rufes, nicht gelungen, diese Maschinen mit Nutzen zu verkaufen.

g) Druckereimaschinen.

Eine heimische Produktion ist lediglich in kleineren Maschinen vorhanden. Der Stand der Industrie betrug nach der letzten Zählung

Tabelle 45.

Zahl der Unternehmungen	Kapital $	Zahl der Arbeiter	Lohnbetrag $	Prod. Wert $
4	75,000	113	61,481	191,249
Somit auf jedes Unternehmen	18,750	28	15,365	47,812

Der Industriezweig ist hauptsächlich in Ontario ansässig. Druckpressen werden fast sämtlich aus dem Auslande eingeführt, die gesamte Einfuhr zeigt

Tabelle 46.

Waren	1908 Zoll	1908 Frei	1909 Zoll	1909 Frei	1910 Zoll	1910 Frei	1911 Zoll	1911 Frei
Rotationspressen eines in Kanada nicht hergestellten Typs		361,278		172,384		391,654		
Druckerpressen	257,522		106,840		325,377			
Buchbindereimaschinen	135,899		88,493		197,004			
	754,699		421,717					
Hiervon stammten aus Amerika:								
1		353,616		168,488		390,665		
2	214,420		147,096		307,697			
3	122,262		83,728		184,666			

Hieraus ersieht man, dass etwa neun Zehntel der Einfuhr aus Amerika stammt. Deutsche Maschinen sind so gut wie gar nicht vorhanden, was bei dem hohen Stande der Industrie auffällig ist, zumal ein Markt hierfür wirklich vorhanden ist. Den genauen Stand des Papier- und Druckgewerbes nach der amtlichen Statistik gibt

Tabelle 47.

Art der Unternehmungen	Zahl	Kapital $	Arbeiter	Lohnbetr. $	Produktion $
Ueberhaupt	907	49,138,352	19,960	8,654,294	33,738,772
Hiervon insbesond. Papierfabriken	31	21,260,157	4,589	1,803,638	9,449,842
Druck- u. Bindeanstalten .	159	6,963,513	5,195	2,352,261	6,899,149
Druck u. Verlag	649	16.435,049	7,333	3,665,520	13,038,104

Die wichtigsten hiervon sind die Papierfabriken. Ob sich allerdings gerade in Maschinen für diesen Zweig ein nennenswertes Geschäft entwickeln dürfte, erscheint immerhin etwas zweifelhaft. Bei diesem Industriezweig ist sehr viel ausländisches, namentlich belgisches und amerikanisches Kapital beteiligt. Naturgemäss gehen die Aufträge für die erste Einrichtung des Werkes meistens in die Länder, aus denen das Kapital stammt. Und leider ist deutsches Kapital nicht in nennenswerter Weise beteiligt. Bei Nachanschaffungen liegt es aber oft schon anders, da tritt dann mehr die maschinelle, praktische Seite in den Vordergrund.

Wesentlich günstigere Aussichten dürften sich aber in der Papier verarbeitenden Industrie bieten. Wie schon gesagt, werden nur die kleineren Durchschnittsmaschinen im Inlande gebaut, rund ¾ des Gesamtbedarfs werden eingeführt. Wenn hier seitens der deutschen Industrie energisch der Hebel angesetzt würde, so werden die Erfolge nicht ausbleiben, zumal wir mit dem Hauptlieferanten, den Vereinigten Staaten, auf der gleichen Zollbasis stehen. Gerade in Buchbindereimaschinen und Rotationspressen wird der Bedarf von Jahr zu Jahr ein grösserer.

III. TEIL.

Schlussbetrachtungen.

Zum Schluss der Darstellung wirft sich von selbst die Frage auf: was kann geschehen um der deutschen Eisenindustrie, speziell dem Maschinenbau zu einer besseren Stellung auf dem kanadischen Markt zu verhelfen? Da bieten sich eine ganze Reihe von Möglichkeiten.

§ 16.

Winke für die Industrie.

Zunächst ist ein anderes Vorgehen der deutschen Industriellen anzuraten. In den vorigen Kapiteln ist gesagt worden, dass im allgemeinen der Markt keine Faktoren zeigt, die dem deutschen Handel seinen Weg erleichtern. Gleichwohl hat er auf einigen Gebieten der Eisenindustrie eine recht gute Position inne, auf anderen Gebieten dürfte sich voraussichtlich bei genügender Bearbeitung des Marktes ein guter Erfolg erzielen lassen. Für die einzelnen Gebiete kämen folgende Wege in Betracht:

Die Einfuhr von Messerwaren lässt sich beträchtlich heben. Der Wille hierzu ist auf seiten der deutschen Fabrikanten vorhanden, denn nach dem Wegfall des Zollzuschlages hat eine energische Bearbeitung des kanadischen Marktes eingesetzt. Es ist sicherlich nicht leicht, einmal verlorenes Terrain wiederzugewinnen, aber mit zweckmässigen Mitteln wird sich vieles erreichen lassen. Es scheinen aber hierin oft verkehrte Wege eingeschlagen zu werden. So werden mitunter Reisende hinübergesandt mit Mustern, die wohl dem deutschen Geschmack zusagen, für den kanadischen Markt aber nicht in Betracht kommen. Infolgedessen erreichen die Reisenden trotz grosser Mühe und Anstrengung recht wenig. Um dann wenigstens etwas los zu werden, unterbieten sie sich gegenseitig und verderben sich so oft das Geschäft vollständig. Auf die Dauer lässt sich der gemachte Preis nicht halten, es sei denn, dass der Fabrikant ohne jeden Nutzen arbeiten wollte. Deshalb wird dann versucht, den Preis auf Kosten der Qualität innezuhalten. Das ist aber der verkehrteste Weg, denn nur erstklassige Ware findet in Kanada Abnehmer. Es ist im letzten Jahre mehrfach vorgekommen, dass Kleinhändler nach einem einmaligen Versuch wieder zu ihren alten Lieferanten zurückgingen, selbst wenn sie dort mehr bezahlen mussten; aber sie waren auch sicher, einwandfreie Ware zu bekommen. Es ist deshalb anzuraten, dass die betreffende Firma zunächst einen tüchtigen Kaufmann hinüberschickt, der den Markt studiert und dann nach den an Ort und Stelle gemachten Erfahrungen Muster zusammenstellt. Die hiermit ausgerüsteten Reisenden können jetzt den Markt ganz anders bearbeiten, da sie Sachen mitbringen, welche wirklich gebraucht werden. Die Kosten für das Studium werden sich sicher bezahlt machen. Denn obwohl Kanada im letzten Jahre von deutschen Reisenden geradezu überschwemmt worden ist, liegt trotzdem das Hauptgeschäft noch immer bei den alt eingeführten Importhäusern, die den Markt kennen und das führen, was wirklich verlangt wird.

Auf dem Markt von Scheren und Taschenmessern steht der deutschen Einfuhr eine gewisse Gefahr bevor. Beide Artikel sind ein Gebiet heissen Wettbewerbes zwischen den deutschen und amerikanischen Fabrikanten und es lässt sich nicht leugnen, dass die Amerikaner hier mehr und mehr an Terrain gewinnen. Sie erreichen es hauptsächlich durch genauere Kenntnis des Marktes und dadurch veranlasst eine schnellere Anpassung an den kanadischen Geschmack. Die Gefahr liegt in dem beginnenden Erstarken der amerikanischen Messerindustrie. Der Markt in den Staaten wird alljährlich für die deutsche Messerindustrie schwieriger, die Einfuhr hat immer mehr zu kämpfen, weil die amerikanischen Fabriken den Markt seit einiger Zeit zurückerobern. Es gelingt ihnen das durch eine Verbilligung der Produktionskosten, die sie auf zweierlei Weise erreichen. Sie versuchen einmal, die teure Menschenkraft so weit wie irgend möglich durch Maschinenarbeit zu ersetzen und legen sich dann nur auf eine geringe Anzahl von Arten, stellen diese aber in solchen Mengen her, dass sie einen grossen Teil des bedeutend billigeren Arbeitslohns in Deutschland wett machen. Gelingt es den amerikanischen Fabrikanten, den heimischen Markt zu beherrschen, dann dürfte ihre Konkurrenz in Kanada anders fühlbar werden als heute. In den Herstellungskosten dürften dann kaum Unterschiede sein, und bei der Rührigkeit der Amerikaner fällt die nähere Lage doppelt schwer ins Gewicht. Dann dürften den deutschen Handel sicher Wunden geschlagen werden, zumal ein qualitativer Unterschied kaum besteht. Englands Einfuhr in Tischmessern und Gabeln dürfte kaum beeinträchtigt werden. Es steht in der Zollbehandlung um 10 pCt. günstiger da, ausserdem aber gelten seine Erzeugnisse qualitativ für besser.

Die Marktlage in Nähmaschinen, Schreibmaschinen und Fahrrädern ist, wie schon im § 15 dargestellt, zurzeit ausserordentlich günstig, da der Bedarf fortgesetzt im Steigen begriffen ist.

Hier würde es sich für die beteiligten Fabrikanten zunächst darum handeln, ihre Fabrikate bekannt zu machen, sei es durch Beschickung von Gewerbe- und Industrieausstellungen, sei es durch Teilnahme an Wettschreiben oder Radrennen. Es muss hier mit der Neigung der Käufer gerechnet werden, von diesen Artikeln nur renommierte Marken zu kaufen, die überall bekannt sind. Ist eine Marke mal erst eingeführt und bekannt geworden, so kann nunmehr mit Sicherheit auf ein gutes

Geschäft gerechnet werden. Dieses erste Einführen einer Marke kostet naturgemäss sehr viel Geld, aber es steht auch ein guter Erfolg in Aussicht. Diese drei Artikel sind miteinander aber auch so verwandt, dass sich die Kosten erheblich verbilligen lassen, wenn mehrere Fabrikanten zusammen vorgehen würden. Auch sind in Deutschland einige erstklassige Fabriken vorhanden, die alle drei Artikel in vorzüglicher Qualität herstellen. Vorbedingung des Erfolges wäre aber ein gutes Musterlager und eine erstklassige Reparaturwerkstatt. Bei Fahrrädern wäre darauf zu achten, ihnen ein möglichst amerikanisches Aussehen zu geben. Schmutzbleche und die reichhaltige Apparateausstattung der deutschen Maschinen werden im allgemeinen nicht verlangt. Am beliebtesten sind die Räder, deren Gewicht 13 kg nicht übersteigt.

In der Einfuhr von Automobilen sind die Aussichten auf Erfolg gut, es dürften hier aber auch nicht die grossen Kosten eines Musterlagers und einer ersten Einführung gescheut werden. Dann aber muss in mancher Hinsicht auf den kanadischen Markt Rücksicht genommen werden. An sich sind die deutschen Automobile den amerikanischen in technischer Hinsicht mindestens ebenbürtig, sie stehen ihnen aber zurzeit in der Stabilität nach. Die für europäische Strassen berechneten Wagen sind so gut wie unbrauchbar für die kanadischen Wege. Vor einigen Jahren hatte einmal eine erste französische Firma in den Vereinigten Staaten, nahe der kanadischen Grenze, den Versuch gemacht, dort Automobile nach ihrem eigenen Modell zu bauen. Der Versuch aber, ein erstklassiges französisches Fabrikat auf amerikanischem Boden zu bauen, misslang vollständig. Zwar waren die Erzeugnisse an Ausstattung und die Güte genau die gleichen wie die in Frankreich hergestellten, nur waren sie in ihrer Widerstandsfähigkeit nicht für amerikanische Wegeverhältnisse berechnet. Die Wagen waren zu schwach gebaut, es gab fortgesetzt Defekte und schliesslich sah sich die Firma genötigt, den Betrieb einzustellen und die vorhandenen Bänke und Materialien zu verkaufen, um nicht den Ruf ihrer Wagen in Misskredit zu bringen.

Eine vermehrte Einfuhr von Werkzeugmaschinen kann nur erreicht werden, wenn der bisherige Weg des Katalogverkaufs und der Vertretungen durch englische oder amerikanische Firmen verlassen wird. Die deutsche Industrie muss versuchen, direkt mit den kanadischen Konsumenten in Verbindung zu treten, denn auf die Leistungsfähigkeit deutscher Importhäuser kann sie zurzeit nicht zählen. Der Bedarf an Maschinen ist auf allen Gebieten überaus gross und die angewendeten Kosten werden sicherlich von grossem Erfolge begleitet sein. Der beste Weg, dieses zu erreichen, ist eine durch einen Zusammenschluss erstklassiger am Handel in Kanada interessierter deutscher Firmen gebildete Verkaufsgesellschaft. Für den einzelnen Fabrikanten dürfte es mit zu grossen Kosten verknüpft sein, gegen die übermächtige amerikanische Konkurrenz aufzukommen und seine Erzeugnisse einzuführen. Der Zusammenschluss verschiedener Fabrikanten ist in dieser Hinsicht zunächst wesentlich vorteilhafter. Es muss drüben ein Lager unterhalten werden, wo der Käufer die Maschinen an Ort und Stelle besichtigen kann. Dann aber muss auch Vorsorge getroffen werden, dass sämtliche Reserveteile jederzeit am Lager erhältlich sind und nicht erst aus Deutschland herbeigeholt zu werden brauchen. Mit diesem Lager muss weiterhin eine Reparaturwerkstatt verbunden sein, in der alle Reparaturen vorgenommen werden können. Dadurch wird zunächst erreicht, dass der Käufer die Maschinen sehen, probieren und im Falle eines Defektes im Lande selbst wieder herstellen kann. Damit entfällt ein wesentliches Bedenken gegen den Kauf einer deutschen Maschine.

Mindestens ebenso wichtig wie ein in Kanada selbst gehaltenes Lager ist die Personenfrage. Denn schliesslich hängt auch hier der Erfolg davon ab, für dieses Unternehmen den richtigen Mann zu finden. Er muss nicht nur die am Lager befindlichen Maschinen genau kennen, vor allen Dingen muss er die Verhältnisse in Kanada selbst gründlich beherrschen. Er muss mit den in Betracht kommenden Industrien bekannt sein, er muss wissen, was gebraucht wird, um rechtzeitig die Sachen an Ort und Stelle zu haben. Unüberwindliche Schwierigkeiten stehen dem nicht entgegen. Der Hauptpunkt ist immer die Kostenfrage, bei genügender Bezahlung werden sich aber sicher entsprechende Kräfte finden lassen.

Sollten sich aber einer solchen Syndikatsbildung Schwierigkeiten entgegenstellen, die wohl bei der gegenseitigen Konkurrenz immerhin zu erwarten sind, so kann auch sehr viel durch eine grössere Unterstützung der in Kanada ansässigen deutschen Ingenieure und Kaufleute erreicht werden. Gewährung eines Lagers, Unterstützung durch Kreditgewährung und Reklame sind die hier in Betracht kommenden, Erfolg versprechenden Mittel.

§ 17.

Massnahmen der Regierung.

All dieses lässt sich in Angriff nehmen, ohne dass erst eine Tätigkeit der Reichsregierung abgewartet zu werden brauchte. Aber das einseitige Vorgehen der Industrie hat bei allen Vorteilen den Nachteil, dass es nur einem einzelnen Gliede, nicht aber der Gesamtheit der bei der Einfuhr interessierten deutschen Handelskreise zugute kommt.

Dieser allgemeine Vorteil kann nur durch ein Vorgehen der Reichsregierung erreicht werden. Da ist in erster Linie die Schaffung günstigerer Zollverhältnisse zu nennen. Vielfach ist gesagt worden, dass der deutsche Handel in Kanada trotz des Zuschlags fortgeschritten sei. Dem kann nicht zugestimmt werden. Seit dessen Inkrafttreten ist der deutsche Handel ständig zurückgegangen, allerdings nur einmal, kurz nach dem Inkrafttreten, in stärkerem Masse absolut. Er sank von 35,8 Millionen Mark auf 23,2 Millionen Mark. In der Folgezeit hat zwar absolut eine wesentliche Veränderung der Werte nicht stattgefunden, relativ dagegen ist der Anteil Deutschlands immer geringer geworden. Den dadurch geschaffenen ungünstigen Verhältnissen hat auch der Wegfall des Zuschlags nicht mit einem Male helfen können. Erreicht worden ist aber, dass das relative Sinken der Einfuhr aufgehört hat, ja sogar ein geringes Steigen zu verzeichnen ist. Dass dieses nicht stärker gewesen ist, dürfte vor allem seinen Grund in der Schwierigkeit haben, neue Geschäftsverbindungen anzuknüpfen. In den Jahren des Zuschlags ist so manches alte Band zerschnitten worden, andere Lieferanten sind an die Stelle der deutschen Firmen getreten, da hält es dann oft schwer, wieder ins Geschäft zu kommen. Derartige Schläge lassen sich nicht in so kurzer Zeit beseitigen.

Heute ist erreicht, dass der kanadische Generaltarif auf deutsche Waren angewendet wird. Eine ganze Reihe von Ländern geniessen aber bereits Zollermässigungen. Vielleicht treten ihnen in absehbarer Zeit noch andere Länder, eventuell auch die Vereinigten Staaten hinzu, dann steht Deutschland wieder am ungünstigsten von allen bedeutenderen Einfuhrländern. Es wäre deshalb im höchsten Masse wünschenswert, dass auch wir in die Reihe der Vertragsstaaten gelangen. Das heutige Handelsabkommen ist ein Provisorium, das nur von kurzer Dauer ist. Dass der deutschen Regierung an einem langfristigen Handelsvertrag sehr viel liegen wird, ist wohl unzweifelhaft, da neue Absatzgebiete für die Industrie nötig sind. Aber auch auf seiten der kanadischen Regierung dürfte kaum auf einen grossen Widerstand gestossen werden.

Durch Zwang lässt sich hier allerdings nicht viel erreichen. Die Handelsstatistik ist für 1911

Deutsche Einfuhr:	10,047,340 Dollar
Kanadische Einfuhr:	2,663,017 „

Kanada bezieht also etwa viermal so viel Waren aus Deutschland wie Deutschland aus Kanada. Dazu kommt noch das Wesen der Einfuhr selbst. Kanada führt in der Hauptsache Rohprodukte ein auf deren Bezug unser Markt angewiesen ist. Von Industrieprodukten kommen ausser wenigen Maschinenfabrikaten nur Erntemaschinen in Betracht

Nun ist oftmals die Ansicht vertreten worden, diese Ware sei für Repressalien nicht geeignet, da die deutsche Industrie hierin noch nicht leistungsfähig sei und die Landwirtschaft sonst ganz von den Vereinigten Staaten abhängig wäre.

Diese Auffassung mag vielleicht für die Vergangenheit zutreffend gewesen sein. Allerdings ist auch heute die deutsche Industrie in landwirtschaftlichen Maschinen noch nicht sehr leistungsfähig. Aber die Verhältnisse haben sich jetzt dahin geändert, dass die amerikanischen Maschinen schon in naher Zeit in sehr bedeutendem Masse das kanadische Fabrikat verdrängen werden. Es wird dies dann der Fall sein, wenn die International Harvester Company ihr Riesenunternehmen in Neuss in Betrieb nehmen wird. Geringere Arbeitslöhne und Transportkosten sowie ersparter Zoll werden den Trust in den Stand setzen, seine Erzeugnisse erheblich billiger auf den Markt bringen zu können als die kanadischen Firmen vermögen. Dadurch wird wahrscheinlich ein starkes Fallen der kanadischen Einfuhr verursacht werden, und diese veränderten Verhältnisse werden Deutschland zweifellos in grössere Abhängigkeit vom amerikanischen Harvester Trust bringen.

Dieses Bedenken käme also gegen eine höhere Besteuerung des kanadischen Fabrikats nicht in Betracht. Gleichwohl erscheinen Kampfzölle auf diese Artikel und vielleicht die anderen von Kanada eingeführten Industrieerzeugnisse für verfehlt. Wenn Deutschland für die Einfuhr seiner Waren günstigere Bedingungen sucht auf einem Markte, der auf uns nicht in dem Masse angewiesen ist wie wir auf ihn, so kann dafür nicht nach Mitteln gesucht werden, deren unmittelbare Folge auf kanadischer Seite eine Zollerhöhung sein würde, welche unsere Einfuhr wieder empfindlich schädigte. Ein Kampfzoll kann also für die Hebung der Einfuhr nicht in Frage kommen.

Gerade das entgegengesetzte Mittel wird sicherlich mehr Erfolg haben. Deutschland als der stärkere Lieferant sollte Kanada vielmehr in seinen Zollsätzen entgegenkommen. Und zwar sind hierfür Artikel geeignet, wo eine Zollermässigung für Kanada von Wert, für Deutschland dagegen ohne Schaden ist. Von Industrieprodukten sind dies gerade landwirtschaftliche Maschinen, von Agrarprodukten Mais. Beide Artikel kommen für deutsche Produzenten wenig in Betracht. Mais wird nur in geringem Umfange gebaut und in Erntemaschinen wird trotz des höchsten Schutzzolls die deutsche Industrie infolge der amerikanischen Niederlassung im Inlande nie zur Entwicklung gelangen.

Deshalb kann in diesem Fall durch die Zollermässigung, ja selbst Zollfreiheit für die Maschinen, kein Schaden eintreten. Auf der anderen Seite aber würde die kanadische Industrie hiervon grossen Nutzen haben.

Die Gefahr, die dem kanadischen Export in Maschinen auf dem deutschen Markt droht, wird von den beteiligten Kreisen voll erkannt. Bei dem grossen Einfluss, den dieser Industriezweig hat, und bei seiner dominierenden Stellung in der kanadischen Industrie überhaupt, würde jede Möglichkeit, den Wettbewerb zu erleichtern, dankbar entgegen genommen werden. Denn diese Industrie ist auf die Ausfuhr angewiesen und deshalb bestrebt, sich gute Absatzgebiete zu erhalten. Einen Verlust des deutschen Absatzgebiets auf der einen Seite, auf der anderen Seite aber auch einem Ausliefern der deutschen Landwirtschaft an den amerikanischen Trusts wird durch zollfreie oder ermässigte Einfuhr kanadischer Maschinen vorgebeugt. Dem Deutschen Konsumenten aber ist die Möglichkeit gegeben, die Maschinen preiswert einzukaufen, da dann der Wettbewerb nicht unmöglich sein wird.

Auch eine Ermässigung des Maiszolls würde für Kanada von Nutzen, für Deutschland nicht von Schaden sein. Der Anbau in Kanada steigt jährlich, der heimische Bedarf ist aber nicht so gross, um einen Export überflüssig zu machen.

In diesen beiden Warengattungen hat die deutsche Regierung zwei Mittel in der Hand, bei geschicktem Vorgehen gute Erfolge zu erreichen.

Aber der Abschluss eines Handelsvertrages setzt langwierige Verhandlungen voraus, bis das Einverständnis der beiden Parteien erreicht ist. Da gibt es dann noch andere Mittel, die unabhängig von einem Vertrag und schneller Unterstützung bringen. Hier kommt zunächst die Schaffung neuer Konsulate in Frage.

Augenblicklich besteht für ganz Kanada, dessen besiedelte Teile etwa die Hälfte von Europa betragen, nur ein einziges Berufskonsulat in Montreal. Allerdings gibt es noch einige Wahlkonsulate in verschiedenen Teilen des Landes. Wenn nun aber auch die Wahlkonsulate von ausserordentlich fähigen Kräften verwaltet werden, so kann doch ein Wahlkonsulat niemals ein Berufskonsulat ersetzen. Zu Wahlkonsuln werden meistenteils nur Personen genommen, die eine sehr gute Position im sozialen Leben haben. Mit dieser Position ist aber auch eine entsprechende Arbeitslast verknüpft, deshalb werden selbst beim besten Willen diese Herren nicht in der Lage sein, sich intensiv mit den Konsulatsgeschäften zu beschäftigen. Entweder behandeln sie sie ganz im Nebenberuf oder sie übergeben sie einem Sekretär, der dann doch nicht den weiten Ueberblick hat. Dazu kommt auch noch ein subjektives Moment, das nicht ausser acht gelassen werden sollte. Gerade bei ihrer Stellung mitten in Handel und Industrie werden Wahlkonsuln trotz bester Absicht oft unwillkürlich geneigt sein, bei Anfragen wegen Absatzmöglichkeiten sich manchmal von persönlichen Beweggründen leiten zu lassen. Eine Folgeerscheinung dieser Stellung ist auch der Umstand, dass seitens der Berufskollegen einem Wahlkonsul nicht so rückhaltlos Informationen erteilt werden wie einem Berufskonsul. Aus diesen Gründen geht beispielsweise die amerikanische Regierung immer mehr dazu über, in wichtigen Plätzen nur noch Berufskonsulate zu errichten.

Wie bereits gesagt, hat Deutschland nur ein einziges Berufskonsulat in Kanada. Bei aller persönlichen Tüchtigkeit der jedesmaligen Vertreter sind sie infolge der Ausdehnung des Landes doch nicht in der Lage, neben ihren sonstigen Geschäften juristischer und handelspolitischer Natur sich noch eingehend um die kommerzielle Lage des Landes, besonders in den ferneren Gegenden zu kümmern. Dazu mangelt ihnen die Zeit, denn man muss berücksichtigen, dass z. B. schon die Reise von Montreal nach Winnipeg zwei Tage in Anspruch nimmt. Schriftliche oder gedruckte Informationen haben aber nicht den Wert eines persönlichen Eindrucks. Aus diesem Grunde ist dringend, gerade bei der wachsenden Bedeutung des kanadischen Marktes eine Vermehrung der Berufskonsulate anzuraten. Das heutige Konsulat in Montreal könnte als Generalkonsulat weiter bestehen, aber die Verhältnisse gebieten dringend die Errichtung von Konsulaten im Osten und Westen. Hierfür kommen Halifax, Winnipeg und Vancouver in Betracht; diese drei Städte repräsentieren heute die Hauptplätze in den Seeprovinzen, der Prärie und dem Westen. Hier konzentriert sich im wesentlichen das ganze kommerzielle Leben der betreffenden Landesteile. Eine ständige Vertretung an diesen Orten könnte daher für die deutsche Einfuhr von allergrösstem Nutzen sein.

Man wird dagegen allerdings einwenden, dass die Kosten der Errichtung von Berufskonsulaten ausserordentlich hohe sind. Es wird sich aber in der Folgezeit eine Vermehrung der konsularischen Vertretungen Deutschlands doch nicht umgehen lassen. Je eher nun diese Vermehrung erfolgt, um so schneller wird sich der deutsche Handel in Kanada festsetzen und auf diese Weise werden sich sicher die Kosten der Errichtung bezahlt machen.

Am wichtigsten wäre jedenfalls ein Konsulat in Vancouver. Mit der Eröffnung des Panamakanals wird die pacifische Küste ganz bedeutend an Wichtigkeit gewinnen. In Handelskreisen rechnet man mit einem grossen Aufschwung dieser Länderstriche, schon heute soll eine der grössten deutschen Reedereien den Plan einer direkten Passagierlinie nach San Francisco ernstlich erwägen. Es ist aber infolge der Entfernung unmöglich, den Aufschwung des Westens von Montreal aus zu beobachten.

Ein weiteres Mittel, das zwar nicht so erfolgreich sein dürfte wie die Errichtung von Konsulaten, dafür aber sich zunächst erheblich billiger stellen würde, wäre die Schaffung eines Handelssachverständigen beim Konsulat in Montreal. Durch diesen wird zunächst der einzige konsularische Vertreter in handelspolitischer Hinsicht entlastet und es wird für diese Aufgaben eine Persönlichkeit an seine Stelle treten, die nach ihrer ganzen Vorbildung besser hierzu geeignet wäre. Zurzeit besitzen wir in Kanada einen landwirtschaftlichen Sachverständigen. Nun ist aber doch wohl unzweifelhaft, dass die handelspolitischen Interessen Deutschlands in Kanada mindestens ebenso wichtig sind, wie die landwirtschaftlichen. Ich stehe sogar auf dem Standpunkt, dass das Institut des landwirtschaftlichen Sachverständigen in Kanada für Deutschland von geringerer Wichtigkeit ist. Die Wirtschaftsmethoden der kanadischen Landwirtschaft lassen sich mit den der deutschen überhaupt nicht vergleichen. Dort herrscht extensiver Betrieb, hier intensiver, deshalb kann die deutsche Landwirtschaft aus den Berichten wenig Nutzen ziehen. Dagegen würde für die deutsche Industrie sich ein Handelssachverständiger als ausserordentlich nützlich erweisen, nur müssten seine Berichte auch wirklich weiteren Kreisen der Industrie zugänglich gemacht werden. Hier soll nur an die von dem amerikanischen Department of Commerce and Labor herausgegebenen täglichen Handelsberichte erinnert werden, auf die sich jeder Interessent abonnieren kann.

Oftmals wird darüber Klage geführt, dass bereits seit dem Jahre 1904 keine amtlichen Berichte über die wirtschaftliche Lage Kanadas mehr erschienen sind. Dies kann aber bei der heutigen Vertretung auch nicht verlangt werden, da das Konsulat in Montreal ausserordentlich stark durch seine rein dienstlichen Geschäfte in Anspruch genommen ist.

Es ergeben sich also eine ganze Reihe von Möglichkeiten, wie der deutsche Handel gefördert werden kann. Je eher und energischer dies in Angriff genommen wird, um so günstigere Erfolge werden erzielt. Die Zeit ist günstig. Der Ausfall der Wahlen im September 1911 zeigt, dass der grösste Teil der kanadischen Bevölkerung nicht gewillt ist, in noch stärkere wirtschaftliche Abhängigkeit von den Staaten zu kommen. Es liegt deshalb jetzt ein günstiger Augenblick vor, den kanadischen Markt für Europa, insbesondere für Deutschland zurückzuerobern. Je mehr die deutsche Industrie dort Fuss fasst, um so geringer wird die Gefahr eines neuen Gegenseitigkeitsvertrages sein.

Anhang 1.

Deutsch-Kanadisches Handelsabkommen vom 24. 2. 1910.

Auf Grund des Gesetzes, betreffend die Handelsbeziehungen zum Britischen Reiche vom 13. Dezember 1909, hat der Bundesrat beschlossen, dass den kanadischen Erzeugnissen vom 1. März d. J. ab bis auf weiteres für die Waren, welche zu einer der folgenden Nummern des Deutschen allgemeinen Zolltarifs gehören, nämlich: Nummer 2, 3, 4, 18, 19, 47, 48, 76, 83, 100, 103, 104, 108, 123, 126, 162, 208, 219, 316, 349, 350, 545, 556, 650, 651 die Zollsätze eingeräumt werden, die seitens des Reichs den Erzeugnissen des meistbegünstigten Landes gewährt werden.

Anhang 2.

TARIFF RELATIONS

BETWEEN

THE UNITED STATES AND THE DOMINION OF CANADA

CORRESPONDENCE RESPECTING NEGOTIATIONS

1911.

WASHINGTON, January 21, 1911.

DEAR MR. SECRETARY —

1. The negotiations initiated by the President several months ago through your communication to His Excellency the British Ambassador respecting a reciprocal tariff arrangement between the United States and Canada, and since carried on directly between representatives of the Governments of the two countries, have now, we are happy to say, reached a stage which gives reasonable assurance of a conclusion satisfactory to both countries.

2. We desire to set forth what we understand to be the contemplated arrangement, and to ask you to confirm it.

3. It is agreed that the desired tariff changes shall not take the formal shape of a treaty, but that the Governments of the two countries will use their utmost efforts to bring about such changes by concurrent legislation at Washington and Ottawa.

4. The Governments of the two countries having made this agreement from the conviction that, if confirmed by the necessary legislative authorities, it will benefit the people on both sides ot the border line, we may reasonably hope and expect that the arrangement, if so confirmed, will remain in operation for a considerable period. Only this expectation on the part of both Governments would justify the time and labour that have been employed in the maturing of the proposed measures. Nevertheless, it is distinctly understood that we do not attempt to bind for the future the action of the United States Congress or the Parliament of Canada, but that each of these authorities shall be absolutely free to make any change of tariff policy or of any other matter covered by the present arrangement that may be deemed expedient. We look for the continuance of the arrangement, not because either party is bound to it, but because of our conviction that the more liberal trade policy thus to be established will be viewed by the people of

the United States and Canada as one which will strengthen the friendly relations now happily prevailing and promote the commercial interests of both countries.

5. As respects a considerable list of articles produced in both countries, we have been able to agree that they shall be reciprocally free. A list of the articles to be admitted free of duty into the United States when imported from Canada, and into Canada when imported from the United States, is set forth in Schedule A.

6. As respects another group ot articles, we have been able to agree upon common rates of duty to be applied to such articles when imported into the United States from Canada or into Canada from the United States. A list of these articles, with the rates of duty, is set forth in Schedule B.

7. In a few instances it has been found that the adoption of a common rate will be inconvenient and therefore exceptions have to be made.

8. Schedule C specifies articles upon which the United States will levy the rates therein set forth when such articles are imported from Canada.

9. Schedule D specifies articles upon which Canada will levy the rates therein set forth when such articles are imported from the United States.

10. With respect to the discussions that have taken place concerning the duties upon the several grades of pulp, printing paper, &c,—mechanically ground wood pulp, chemical wood pulp, bleached and unbleached, news printing paper and other printing paper and board made from wood pulp, of the value not exceeding four cents per pound at the place of shipment— we note that you desire to provide that such articles from Canada shall be made free of duty in the United States only upon certain conditions respecting the shipment of pulp wood from Canada. It is necessary that we should point out that this is a matter in which we are not in a position to make any agreement. The restrictions at present existing in Canada are of a Provincial character. They have been adopted by several ot the Provinces with regard to what are believed to be Provincial interests. We have neither the right nor the desire to interfere with the Provincial authorities in the free exercise of their constitutional powers in the administration of their public lands. The provisions you are proposing to make respecting the conditions upon which these classes of pulp and paper may be imported into the United States free of duty must necessarily be for the present inoperative. Whether the Provincial Governments will desire to in any way modify their regulations with a view to securing the free admission of pulp and paper from their Provinces into the market of the United States, must be a question for the Provincial authorities to decide. In the meantime, the present duties on pulp and paper imported from the United States into Canada will remain. Whenever pulp and paper of the classes already mentioned are admitted into the United States free ot duty from all parts of Canada, then similar articles, when imported from the United States, shall be admitted into Canada free of duty.

11. The tariff changes proposed might not alone be sufficient to fully bring about the more favourable conditions which both parties desire. It is conceivable that Customs regulations which are deemed essential in some cases might operate unfavourably upon the trade between the United States and Canada, and that such regulations, if made without due regard to the special conditions of the two countries, might to some extent defeat the good purpose of the present arrangement. It is agreed that the utmost care shall be taken by both Governments to see that only such Customs regulations are adopted as are reasonably necessary for the protection of the Treasury against fraud; that no regulation shall be made or maintained which

unreasonably hampers the more liberal exchange of commodities now proposed; that representations on either side as to the unfavourable operation of any regulation will receive from the other all due consideration, with the earnest purpose of removing any just cause of complaint; and that, if any further legislation is found necessary to enable either Government to carry out the purposes of this provision, such legislation will be sought from Congress or Parliament as the case may be.

12. The Government of Canada agrees that, until otherwise determined by them, the licenses hitherto issued to United States fishing vessels under the provisions of section 3 of chapter 47 of the Revised Statutes of Canada, granting to such vessels certain privileges on the Atlantic coast of Canada shall continue to be issued and that the fee to be paid to the Government of Canada for such license by the owner or commander of any such United States vessel shall hereafter be one dollar per annum.

13. It is understood that upon a day and hour to be agreed upon between the two Governments, the President ot the United States will communicate to Congress the conclusions now reached and recommend the adoption of such legislation as may be necessary on the part of the United States to give effect to the proposed arrangement.

14. It is understood that simultaneously with the sending of such communication to the United States Congress by the President, the Canadian Government will communicate to the Parliament of Canada the conclusions now reached, and will thereupon take the necessary steps to procure such legislation as is required to give effect to the proposed arrangement.

15. Such legislation on the part of the United States may contain a provision that it shall not come into operation until the United States Government are assured that corresponding legislation has been or will be passed by the parliament of Canada; and in like manner the legislation on the part of Canada may contain a provision that it shall not come into operation until the Government of Canada are assured that corresponding legislation has been passed or will be passed by the Congress of the United States.

Yours faithfully,
(Sgd.) W. S. FIELDING.
WM. PATERSON.

The Honourable P. C. Knox,
Secretary of State,
Washington, D.C.

DEPARTMENT OF STATE, WASHINGTON,
January 21, 1911.

The Hon. W. S. FIELDING, and
The Hon. WILLIAM PATERSON
Washington.

GENTLEMEN,—I have the honour to acknowledge the receipt of your communication of this date in relation to the negotiations initiated by the President several months ago for a reciprocal trade arrangement between the United States and Canada, in which you set forth and ask me to confirm your understanding of the results of our recent conferences in continuation of these negotiations.

I take great pleasure in replying that your statement of the proposed arrangement is entirely in accord with my understanding of it.

It is a matter of some regret on our part that we have been unable to adjust our differences on the subject of wood pulp, pulp wood and print paper. We recognize the difficulties to which you refer growing out of the nature of the relations between the Dominion and Provincial Governments, and for the present we must be content with the conditional arrangement which has been proposed in Schedule A attached to your letter.

I fully appreciate the importance, to which you call attention, of not permitting a too rigid customs administration to interfere with the successful operation of our agreement, if it is approved by the Congress of the United States and the Parliament of Canada, and I desire to confirm your statement of our understanding on this point. I am satisfied that the spirit evinced on both sides gives assurance that every effort will be made to secure the full measure of benefit which is contemplated in entering into this arrangement.

The assurance that you give that the Dominion Government proposes to require only a nominal fee from the fishing vessels of the United States for the privileges in Canadian waters for which heretofore a charge of $1.50 per ton for each vessel has been required is most gratifying.

I heartily concur in your statement of the purposes inspiring the negotiations and in the views expressed by you as to the mutual benefits to be derived by both countries in the event our work is confirmed, and I take this opportunity to assure you, on behalf of the President, of his appreciation of the cordial spirit in which you have met us in these negotiations.

I have the honor to be, gentlemen,

Your obedient servant,

(Signed) P. C. KNOX.

SCHEDULE A.

Articles the growth, product or manufacture of the United States to be admitted into Canada free of duty when imported from the United States, and reciprocally articles the growth, product or manufacture of Canada to be admitted into the United States free of duty when imported from Canada:—

Live animals, viz.: Cattle, horses and mules, swine, sheep, lambs, and all other live animals.

Poultry, dead or alive.

Wheat, rye, oats, barley, and buckwheat; dried pease and beans, edible.

Corn, sweet corn, or maize (except into Canada for destillation).

Hay, straw, and cow pease.

Fresh vegetables, viz.: Potatoes, sweet potatoes, yams, turnips, onions, cabbages, and all other vegetables in their natural state.

Fresh fruits, viz.: Apples, pears, peaches, grapes, berries, and all other edible fruits in their natural state.

Dried fruits, viz.: Apples, peaches, pears, and apricots, dried, desiccated or evaporated.

Dairy products, viz.: Butter, cheese and fresh milk and cream. Provided that cans actually used in the transportation of milk or cream may be passed back and forth between the two countries free of duty, under such regulations as the respective governments may prescribe.

Eggs of barnyard fowl, in the shell.

Honey.

Cotton-seed oil.

Seeds, viz.: Flaxseed or linseed, cotton-seed, and other oil seeds; grass seed, including timothy and clover seed; garden, field, and other seed not herein otherwise provided for, when in packages weighing over one pound each (not including flower seeds).

Fish of all kinds, fresh, frozen, packed in ice, salted or preserved in any form, except sardines and other fish preserved in oil; and shell fish of all kinds, including oysters, lobsters and clams in any state, fresh or packed, and coverings of the foregoing.

Seal, herring, whale, and other fish oil, including Sod oil.

Salt.

Mineral waters, natural, not in bottles or jugs.

Timber, hewn, sided or squared otherwise than by sawing, and round timber used for spars or in building wharves.

Sawed boards, planks, deals and other lumber, not further manufactured than sawed.

Paving posts, railroad ties, and telephone, trolley, electric light and telegraph poles of cedar or other woods.

Wooden staves of all kinds, not further manufactured than listed or jointed, and stave bolts.

Pickets and palings.

Plaster rock or gypsum, crude, not ground.

Mica, manufactured or rough trimmed only, and mica ground or bolted.

Feldspar, crude, powdered or ground.

Asbestos not further manufactured than ground.

Fluorspar, crude, not ground.

Glycerine, crude, not purified.

Talc, ground, bolted or precipitated, naturally or artificially, not for toilet use.

Sulphate of soda, or salt cake; and soda ash.

Extracts of hemlock bark.

Carbon electrodes.

Brass in bars and rods, in coil or otherwise, not less than six feet in length, or brass in strips, sheets or plates, not polished, planished or coated.

Cream separators of every description, and parts thereof imported for repair of the foregoing.

Rolled iron or steel sheets, or plates, number fourteen gauge or thinner, galvanized or coated with zinc, tin or other metal, or not.

Crucible cast steel wire, valued at not less than six cents per pound.

Galvanized iron or steel wire, curved or not, numbers nine, twelve, and thirteen wire gauge.

Typecasting and typesetting machines and parts thereof, adapted for use in printing offices.

Barbed fencing wire of iron or steel, galvanized or not.

Coke.

Rolled round wire rods in the coil, of iron or steel, not over three-eighths of an inch in diameter, and not smaller than number six wire gauge.

Pulp of wood mechanically ground; pulp of wood, chemical, bleached or unbleached; news print paper, and other paper, and paper board, manufactured from mechanical wood pulp or from chemical wood pulp, or of which such pulp is the component material of chief value, coloured in the pulp, or not coloured, and valued at not more than four cents per pound, not including printed or decorated wall paper.

Provided that such paper and board, valued at four cents per pound or less, and wood pulp, being the products of Canada, when imported therefrom directly into the United States, shall be admitted free of duty, on the condition precedent that no export duty, export license fee, or other export charge of any kind whatsoever (whether in the form of additional charge or license fee or otherwise) or any prohibition or restriction in any way of the exportation (whether by law, order, regulation, contractual relation, or otherwise, directly or indirectly) shall have been imposed upon such paper, board, or wood pulp, or the wood used in the manufacture of such paper, board or wood pulp, or the wood pulp used in the manufacture of such paper or board:

Provided also that such wood pulp, paper or board, being the products of the United States, shall only be admitted free of duty into Canada from the United States when such wood pulp, paper or board, being the products of Canada, are admitted from all parts of Canada free of duty into the United States.

NOTE—It is understood that fresh fruits to be admitted free of duty into the United States from Canada do not include lemons, oranges, limes, grape fruit, shaddocks, pomelos, or pineapples.

It is also understood that fish oil, whale oil, seal oil and fish of all kinds, being the product of fisheries carried on by the fishermen of the United States shall be admitted into Canada as the product of the United States, and similarly that fish oil, whale oil, seal oil and fish of all kinds, being the product of fisheries carried on by the fishermen of Canada, shall be admitted into the United States as the product of Canada.

SCHEDULE B.

Articles the growth, product or manufacture of the United States to be admitted into Canada at the undermentioned rates of duty when imported from the United States; and reciprocally the same articles the growth, product or manufacture of Canada to be admitted in the United States at identical rates of duty when imported from Canada:—

Articles.	Rates of Duties.
Fresh meats, viz.:—beef, veal, mutton, lamb, pork, and all other fresh or refrigerated meats excepting game . . .	One and one-quarter cents per pound.
Bacon and hams, not in tins or jars . .	One and one-quarter cents per pound.
Meats of all kinds, dried, smoked, salted, in brine, or prepared or preserved in any manner, not otherwise herein provided for	One and one-quarter cents per pound.
Canned meats and canned poultry . . .	Twenty per cent ad valorem.
Extract of meat, fluid or not	Twenty per cent ad valorem.
Lard, and compounds thereof, cottolene and cotton stearine, and animal stearine	One and one-quarter cents per pound.
Tallow	Forty cents per 100 lbs.
Egg yolk, egg albumen and blood almumen	Seven and one-half per cent ad valorem.
Fish (except shell fish), by whatever name known, packed in oil, in tin boxes or cans, including the weight of the package:	
(a) when weighing over twenty ounces and not over thirty-six ounces each	Five cents per package.
(b) when weighing over twelve ounces and not over twenty ounces each	Four cents per package.
(c) when weighing twelve ounces each or less	Two cents per package.

Articles.	Rates of Duties.
(d) when weighing thirty-six ounces each or more, or when packed in oil, in bottles, jars or kegs	Thirty per cent ad valorem.
Tomatoes and other vegetables, including corn, in cans or other air-tight packages, and including the weight of the package	One and one-quarter cents per pound.
Wheat flour and semolina; and rye flour	Fifty cents per barrel of 196 pounds.
Oatmeal and rolled oats, including the weight of paper covering	Fifty cents per 100 pounds.
Corn meal	Twelve and one-half cents per 100 pounds.
Barley malt	Forty-five cents per 100 pounds.
Barley, pot, pearled and patent	One-half cent per pound.
Buckwheat flour or meal	One-half cent per pound.
Split pease, dried	Seven and one-half cents per bushel of 60 pounds.
Prepared cereal foods, not otherwise provided for herein	Seventeen and one-half per cent ad valorem.
Bran, middlings and other offals of grain used for animal food	Twelve and one-half cents per 100 pounds.
Macaroni and vermicelli	One cent per pound.
Biscuits, wafers and cakes, when sweetened with sugar, honey, molassos or other material	Twenty-five per cent ad valorem.
Biscuits, wafers, cakes and other baked articles composed in whole or in part of eggs or any kind of flour or meal when combined with chocolate, nuts, fruits or confectionery; also candied peel, candied pop-corn, candied nuts, candied fruits, sugar candy and confectionery of all kinds	Thirty-two and one-half per cent ad valorem.
Maple sugar and maple syrup	One cent per pound.
Pickles, including pickled nuts; sauces of all kinds, and fish paste or sauce . .	Thirty-two and one-half per cent ad valorem.
Cherry juice and prune juice, or prune wine, and other fruit juices, and fruit syrup, non-alcoholic	Seventeen and a half percent ad valorem.
Mineral waters and imitations of natural mineral waters, in bottles or jugs . .	Seventeen and a half per cent ad valorem.
Essential oils	Seven and a half per cent ad valorem.
Grape vines; gooseberry, raspberry and currant bushes	Seventeen and a half per cent ad valorem.
Farm wagons, and finished parts thereof	Twenty-two and a half per cent ad valorem.

Articles.	Rales of Duties.
Ploughs, tooth and disc harrows, harvesters, reapers, agricultural drills and planters, mowers, horse-rakes, cultivators; threshing machines, including windstackers, baggers, weighers, and selffeeders therefor; and finished parts thereof imported for repair of the foregoing	Fifteen per cent ad valorem.
Portable engines with boilers, in combination, horse-powers and traction engines, for farm purposes; hay loaders, potato diggers, fodder or feed cutters, grain crushers, fanning mills, hay tedders, farm or field rollers, manure spreaders, weeders and windmills; and finished parts thereof imported for repair of the foregoing, except shafting	Twenty per cent ad valorem.
Grindstones of sandstone, not mounted, finished or not	Five cents per 100 pounds.
Freestone, granite, sandstone, limestone, and all other monumental or building stone, except marble, brecchia, and onyx, unmanufactured, or not dressed, hewn or polished	Twelve and a half per cent ad valorem.
Roofing slates	Fifty-five cents per 100 square feet.
Vitrified paving blocks, not ornamented or decorated in any manner, and paving blocks of stone	Seventeen and a half per cent ad valorem.
Oxide of iron, as a colour	Twenty-two and a half per cent ad valorem.
Asbestos further manufactured than ground; manufactures of asbestos, or articles of which asbestos is the component material of chief value, including woven fabrics wholly or in chief value of asbestos	Twenty-two and a half per cent ad valorem.
Printing ink	Seventeen and a half per cent ad valorem.
Cutlery, plated or not, viz.: — pocket knives, pen knives, scissors and shears, knives and forks for household purposes, and table steels	Twenty-seven and a half per cent ad valorem.
Bells and gongs; brass corners and rules for printers	Twenty-seven and a half per cent ad valorem.
Basins, urinals and other plumbing fixtures for bath rooms and lavatories; bath tubs, sinks and laundry tubs, of earthenware, stone, cement or clay or of other material	Thirty-two and a half per cent ad valorem.
Brass band instruments	Twenty-two and a half per cent ad valorem.

Articles.	Rates of Duties.
Clocks, watches, time recorders, clock and watch keys, clock cases, and clock movements	Twenty-seven and a half per cent ad valorem.
Printers wooden cases and cabinets for holding type	Twenty-seven and a half per cent ad valorem.
Wood flour	Twenty-two and a half per cent ad valorem.
Canoes and small boats of wood, not power boats	Twenty-two and a half per cent ad valorem.
Feathers, crude, not dressed, coloured or otherwise manufactured	Twelve and a half per cent ad valorem.
Antiseptic surgical dressings, such as absorbent cotton, cotton wool, lint, lamb's wool, tow, jute, gauzes and oakum, prepared for use as surgical dressings, plain or medicated; surgical trusses, pessaries, and suspensory bandages of all kinds	Seventeen and a half per cent ad valorem.
Plate glass, not bevelled, in sheets or panes exceeding seven square feet each, and not exceeding twenty-five square feet each	Twenty-five per cent ad valorem.
Motor vehicles other than for railways and tramways, and automobiles, and parts thereof, not including rubber tires	Thirty per cent ad valorem.
Iron or steel digesters for the manufacture of wood pulp	Twenty-seven and a half per cent ad valorem.
Musical instrument cases, fancy cases or boxes, portfolios, satchels, reticules, card cases, purses, pocket books, fly books for artificial flies, all the foregoing composed wholly or in chief value of leather	Thirty per cent ad valorem.

SCHEDULE C.

Articles the growth, product or manufacture of Canada to be admitted into the United States at the undermentioned special rates of duty when imported from Canada:—

Articles.	Rates of Duty.
Aluminum in crude form	Five cents per pound.
Aluminum in plates, sheets, bars and rods	Eight cents per pound.
Laths	Ten cents per 1,000 pieces.
Shingles	Thirty cents per thousand.
Sawed boards, planks, deals and other lumber, planed or finished on one side	Fifty cents per M. feet B.M.

Articles	Rates of Duties.
Planed or finished on one side and tongued and grooved, or planed or finished on two sides	Seventy-five cents per M. feet B.M.
Planed or finished on three sides, or planed and finished on two sides and tongued and grooved	One dollar and twelve and a half cents per M. feet B.M.
Planed and finished on four sides . .	One dollar and fifty cents per M. feet B.M.
In estimating board measure under this schedule no deduction shall be made on board measure on account of planing, tonguing and grooving.	
Iron ore, including manganiferous iron ore, and the dross or residuum from burnt pyrites	Ten cents per ton of 2,240 pounds.
Coal slack or culm, of all kinds, such as will pass through a half-inch sereen	Fifteen cents per ton of 2,240 pounds.

SCHEDULE D.

Articles the growth, product or manufacture of the United States to be admitted into Canada at the undermentioned special rates of duty when imported from the United States:—

Articles.	Rates of Duties.
Cement, Portland, and hydraulic or water lime in barrels, bags, or casks, the weight of the package to be included in the weight for duty	Eleven cents per 100 pounds.
Trees, viz.:—Apple, cherry, peach, pear, plum, and quince, of all kinds, and small peach trees known as June buds	Two and a half cents each.
Condensed milk, the weight of the package to be included in the weight for duty	Two cents per pound.
Biscuits without added sweetening . . .	Twenty per cent ad valorem.
Fruits in air-tight cans or other air-tight packages, the weight of the cans or other packages to be included in the weight for duty	Two cents per pound.
Peanuts, shelled	One cent per pound.
Peanuts, unshelled	A half per cent per pound.
Coal, bituminous, round and run of mine, including bituminous coal such as will not pass through a three-quarter-inch screen	Forty-five cents per ton.

THE SHOREHAM HOTEL, WASHINGTON, D.C.,
January 21st, 1911.

DEAR MR. SECRETARY,—We have received with much satisfaction your letter of this date in which you have confirmed our understanding of the arrangement which is being made between us respecting trade relations between the United States and Canada.

In bringing the negotiations to a close, permit us to express our warmest appreciation of the spirit in which the whole subject has been dealt with by the President and yourself and for the unvarying courtesy which we have received in Washington from all the officials of your Government with whom we have been brought in contact.

Yours faithfully,
(Sgd.) W. S. FIELDING,
" WM. PATERSON.

The Honourable P. C. KNOX,
Secretary of State,
Washington, D.C.

Inhaltsverzeichnis.

I. TEIL: Allgemeine Verhältnisse.
§ 1. Handelspolitischer Rückblick . . . . . . Seite 5
§ 2. Die Bevölkerungsverhältnisse . . . . . „ 8
§ 3. Die natürlichen Hilfsmittel des Landes . . „ 16
§ 4. Die Entwicklung des Westens . . . . . „ 20
§ 5. Die Industrialisierung des Ostens . . . . „ 24
§ 6. Die Arbeiterverhältnisse . . . . „ 29
§ 7. Die Verkehrsverhältnisse . . . . „ 34
§ 8. Das Bankwesen . . . . „ 39
§ 9. Fremde Kapitalsanlagen . . . . „ 40
II. TEIL: Die Eisen- und Stahlindustrie.
§ 10. Die kanadische Industrie im allgemeinen . „ 43
Die Marktlage im einzelnen
§ 11. Allgemeine Gesichtspunkte . . . . „ 52
§ 12. Eisenbahnmaterial . . . . „ 55
§ 13. Röhren . . . . „ 60
§ 14. Kleineisenindustrie . . . . „ 61
§ 15. Maschinen . . . . „ 64
III. TEIL: Schlussbetrachtungen.
§ 16. Winke für die Eisenindustrie . . . . . . „ 75
§ 17. Massnahmen der Regierung . . . . „ 78
IV. TEIL: Anlagen.
1. Das Deutsch-Kanadische Abkommen . . . . „ 83
2. Der Gegenseitigkeitsvertrag (Entwurf) . . . „ 84

GPSR Compliance

The European Union's (EU) General Product Safety Regulation (GPSR) is a set of rules that requires consumer products to be safe and our obligations to ensure this.

If you have any concerns about our products, you can contact us on ProductSafety@springernature.com

In case Publisher is established outside the EU, the EU authorized representative is:

Springer Nature Customer Service Center GmbH
Europaplatz 3
69115 Heidelberg, Germany

Batch number: 10844827

Printed by Printforce, the Netherlands